EXERCICES RÉSOLUS

MATH[...]

ANALYSE

TERMINALES C/E

Jean-Louis LITERS
Professeur au lycée Georges Clemenceau à Nantes

Claudine RENARD, Geneviève ROCHE et Anne THOMAS
Professeurs au lycée Jean Jaurès à Reims

Claire TCHIGIQUE
Professeur au lycée Victor Hugo à Paris

ISBN : 2.01.019889.1

PRÉSENTATION DU LIVRE

• **Plan de chaque chapitre**

— Rappels de cours (connaissances et méthodes).
— Enoncés des exercices.
— Solutions.

Tous les exercices sont corrigés intégralement.

Souvent, plusieurs solutions sont proposées afin d'approfondir différents aspects du sujet.

• **Mode d'emploi**

— Chercher à résoudre l'exercice, afin de bien comprendre le problème posé et de s'exercer à trouver une solution soi-même.
— Comparer sa propre solution, écrite, avec toutes celles que propose le corrigé.
— Ne pas se contenter de lire les solutions, mais les refaire soi-même en les écrivant.

• **A votre disposition**

— Des notices.
— A la fin du livre : des formulaires, un index et le sommaire.

FONCTIONS NUMÉRIQUES

■ Définitions

Un nombre réel est *algébrique* si, et seulement si, il est racine d'au moins un polynôme à coefficients dans $\mathbb{Q}$ (autre que le polynôme nul), ou, ce qui revient au même, dans $\mathbb{Z}$.

Un nombre réel est *transcendant* si, et seulement si, il n'est pas algébrique.

■ Exemples

— Tout nombre rationnel $\frac{p}{q}$, avec $p \in \mathbb{Z}$ et $q \in \mathbb{Z}^*$, est algébrique.

Donc tout réel transcendant est irrationnel.

— Pour tout n de $\mathbb{N}^*$, pour tout a de $\mathbb{Q}_+$, $\sqrt[n]{a}$ est algébrique.

En particulier, les nombres irrationnels $\sqrt{2}$, $\sqrt[3]{2}$ sont algébriques.

■ En 1761, Johann Lambert (mathématicien suisse, 1728-1777) démontre que π est irrationnel.

En 1844, Joseph Liouville (mathématicien français, 1809-1882) trouve les premiers exemples de réels transcendants.

En 1873, Charles Hermite (mathématicien français, 1822-1901) démontre que e est transcendant.

En 1882, Ferdinand von Lindemann (mathématicien allemand, 1852-1939) démontre que π est transcendant.

Il y a « infiniment plus » de réels transcendants que de réels algébriques.

■ Mais, pour un réel donné, il est souvent difficile de déterminer s'il est algébrique ou transcendant, et même, s'il est rationnel ou irrationnel.

Exemples

— La constante γ d'Euler :

$$\gamma = \lim_{n \to +\infty} \left(\frac{1}{1} + \frac{1}{2} + \frac{1}{3} + \cdots + \frac{1}{n} - \ln n \right).$$

En 1987, on ne sait pas si γ est rationnel ou irrationnel.

(Leonhard Euler, mathématicien suisse, 1707-1783.)

— Le réel $\zeta(3)$:

$$\zeta(3) = \lim_{n \to +\infty} \left(\frac{1}{1^3} + \frac{1}{2^3} + \frac{1}{3^3} + \cdots + \frac{1}{n^3} \right).$$

Ce n'est qu'en 1978 que, grâce à Roger Apery, professeur à l'université de Caen, on a démontré que $\zeta(3)$ est irrationnel.

1. Etudes de fonctions

Sens de variation

■ Définitions

Soit f une fonction définie sur un intervalle I de $\mathbb{R}$.
f est **croissante** sur I si et seulement si :
pour tous réels x_1 et x_2 de I, si $x_1 < x_2$ alors $f(x_1) \leq f(x_2)$.

f est **décroissante** sur I si et seulement si :
pour tous réels x_1 et x_2 de I, si $x_1 < x_2$ alors $f(x_1) \geq f(x_2)$.

f est **strictement croissante** sur I si et seulement si :
pour tous réels x_1 et x_2 de I, si $x_1 < x_2$ alors $f(x_1) < f(x_2)$.

f est **strictement décroissante** sur I si et seulement si :
pour tous réels x_1 et x_2 de I, si $x_1 < x_2$ alors $f(x_1) > f(x_2)$.

f est **monotone** sur I si et seulement si :
f est croissante sur I ou f est décroissante sur I.
f est **strictement monotone** sur I si et seulement si :
f est strictement croissante sur I ou f est strictement décroissante sur I.

■ Propriétés

La composée de deux fonctions croissantes est croissante.
La composée de deux fonctions décroissantes est croissante.
La composée d'une fonction croissante et d'une fonction décroissante est décroissante.
(Enoncés analogues pour des fonctions strictement monotones.)

■ *Sens de variation et dérivée*

Soit f une fonction dérivable sur un intervalle I.

• Si pour tout x de I, $f'(x) \geq 0$, alors f est croissante sur I.
Si pour tout x de I, $f'(x) \leq 0$, alors f est décroissante sur I.
Si pour tout x de I, $f'(x) = 0$, alors f est constante sur I.

- Si pour tout x de I, $f'(x) \geqslant 0$,
et si f' ne s'annule qu'en un nombre fini de réels de I,
alors f est strictement croissante sur I.
(Enoncé analogue pour f strictement décroissante.)

- Remarque
Si f est dérivable sur $]a\,;b]$ (ouvert en a),
et si pour tout x de $]a\,;b]$, $f'(x) \geqslant 0$,
et si f est continue sur $[a\,;b]$ (fermé en a),
alors f est croissante sur $[a\,;b]$ (fermé en a).
(Enoncés analogues pour $]a\,;+\infty[$, $[b\,;a[$, $]-\infty\,;a[$, et pour f décroissante.)

Limites

■ *Limite en un réel a*

Soit f une fonction définie au moins sur un intervalle (de longueur non nulle) dont une extrémité est a.
Soit ℓ un réel.
S'il existe λ de $\mathbb{R}_+^*$ et n de $\mathbb{N}^* \cup \left\{\frac{1}{2}\right\}$ tels que,
pour tout x suffisamment proche de a,

- $|f(x)-\ell| \leqslant \lambda\,|x-a|^n$, alors $\lim\limits_{x \to a} f(x) = \ell$;
- $f(x) \geqslant \dfrac{\lambda}{|x-a|^n}$, alors $\lim\limits_{x \to a} f(x) = +\infty$;
- $f(x) \leqslant -\dfrac{\lambda}{|x-a|^n}$, alors $\lim\limits_{x \to a} f(x) = -\infty$.

Remarque
Si f est définie en a et admet une limite en a, alors :

$$\lim_{x \to a} f(x) = f(a).$$

■ *Limite en* $+\infty$

Soit f une fonction définie au moins sur un intervalle dont une extrémité est $+\infty$.
Soit ℓ un réel.

S'il existe λ de $\mathbb{R}_+^*$ et n de $\mathbb{N}^* \cup \left\{\frac{1}{2}\right\}$ tels que, pour tout x suffisamment grand,

- $|f(x) - \ell| \leqslant \frac{\lambda}{x^n}$, alors $\lim\limits_{x \to +\infty} f(x) = \ell$;
- $f(x) \geqslant \lambda x^n$, alors $\lim\limits_{x \to +\infty} f(x) = +\infty$
- $f(x) \leqslant -\lambda x^n$, alors $\lim\limits_{x \to +\infty} f(x) = -\infty$.

(Enoncés analogues pour les limites en $-\infty$.)

■ *Limites et inégalités*

Soient f, u, v des fonctions définies au moins sur un intervalle dont une extrémité est $+\infty$.

Soit ℓ un réel.

Si, pour tout x suffisamment grand,

- $f(x) \geqslant u(x)$, et si $\lim\limits_{x \to +\infty} u(x) = +\infty$,
  alors $\lim\limits_{x \to +\infty} f(x) = +\infty$;
- $f(x) \leqslant u(x)$, et si $\lim\limits_{x \to +\infty} u(x) = -\infty$,
  alors $\lim\limits_{x \to +\infty} f(x) = -\infty$;
- $|f(x) - \ell| \leqslant u(x)$, et si $\lim\limits_{x \to +\infty} u(x) = 0$,
  alors $\lim\limits_{x \to +\infty} f(x) = \ell$;
- $f(x) \leqslant u(x)$, et si f et u ont une limite en $+\infty$,
  alors $\lim\limits_{x \to +\infty} f(x) \leqslant \lim\limits_{x \to +\infty} u(x)$;
- $u(x) \leqslant f(x) \leqslant v(x)$, et si $\lim\limits_{x \to +\infty} u(x) = \lim\limits_{x \to +\infty} v(x) = \ell$,
  alors $\lim\limits_{x \to +\infty} f(x) = \ell$.

(Enoncés analogues pour les limites en $-\infty$ et pour les limites en un réel a.)

■ *Opérations sur les limites*

— Dans le cas où les limites sont réelles :
la limite d'une somme est la somme des limites,
la limite d'un produit est le produit des limites,
la limite d'un quotient est le quotient des limites si la limite du dénominateur est non nulle.
Ces résultats s'étendent facilement aux cas où certaines des limites sont infinies, sauf si l'on obtient une des formes suivantes :

$$\infty - \infty, \quad 0 \times \infty, \quad \frac{0}{0}, \quad \frac{\infty}{\infty},$$

cas qu'il faut étudier directement.

— Limite d'une fonction composée.
Soient f une fonction définie sur un intervalle I,
et g une fonction définie sur un intervalle J,
telles que $g \circ f$ soit définie sur I.
Pour tous a, b, ℓ réels ou infinis,
si $\lim\limits_{x \to a} f(x) = b$ et $\lim\limits_{y \to b} g(y) = \ell$, alors $\lim\limits_{x \to a} g[f(x)] = \ell$.

■ *Limites des polynômes et des fonctions rationnelles en* $-\infty$ *et en* $+\infty$

— En $-\infty$ et en $+\infty$, toute fonction polynôme a même limite que son terme de plus haut degré.

— En $-\infty$ et en $+\infty$, toute fonction rationnelle (c'est-à-dire quotient de deux fonctions polynômes) a même limite que le quotient des termes de plus haut degré du numérateur et du dénominateur.

Continuité

■ Définition

Soit I un intervalle.
Si une fonction f est définie sur I et a une limite en tout réel de I, alors f est **continue** sur I.

Conséquence

Si f est continue sur I, alors :

pour tout a de I, $\lim\limits_{x \to a} f(x) = f(a)$.

■ Propriété

Toute fonction dérivable sur un intervalle est continue sur cet intervalle.

■ *Prolongement par continuité*

Soient a et b des réels tels que $a < b$.

Soit f une fonction non définie en a, continue sur $]a\,;b]$ et ayant une limite *réelle* en a.

Soit g la fonction définie sur $[a\,;b]$ par :

$$\begin{cases} g(a) = \lim\limits_{x \to a} f(x) \\ \text{et pour tout } x \text{ de }]a\,;b],\ g(x) = f(x). \end{cases}$$

Alors g est continue sur $[a\,;b]$; c'est le prolongement par continuité en a de f.

(Enoncés analogues pour $]a\,;+\infty[$, $[b\,;a[$, $]-\infty\,;a[$.)

Asymptotes

■ *Asymptotes parallèles aux axes*

Soit a un réel.

— Si $\lim\limits_{x \to a} f(x) = -\infty$ ou $\lim\limits_{x \to a} f(x) = +\infty$,

alors la droite d'équation $x = a$ est asymptote à la courbe de f.

— Si $\lim\limits_{x \to -\infty} f(x) = a$ ou $\lim\limits_{x \to +\infty} f(x) = a$,

alors la droite d'équation $y = a$ est asymptote à la courbe de f.

■ *Asymptotes obliques*

S'il existe des réels a et b tels que :

$$\lim_{x \to +\infty} [f(x) - (ax + b)] = 0\,,$$

c'est-à-dire s'il existe des réels a et b et une fonction ε tels que, pour tout x suffisamment grand,

$$f(x) = ax + b + \varepsilon(x), \quad \text{et} \quad \lim_{x \to +\infty} \varepsilon(x) = 0\,,$$

alors la droite d'équation $y = ax + b$ est asymptote à la courbe de f en $+\infty$.
(Enoncé analogue en $-\infty$.)

Position de la courbe par rapport à l'asymptote
Le point d'abscisse x de la courbe de f est, respectivement :
— strictement au-dessous de l'asymptote si et seulement si $\varepsilon(x) < 0$,
— strictement au-dessus de l'asymptote si et seulement si $\varepsilon(x) > 0$.

Centre de symétrie. Axe de symétrie

■ Méthodes pour démontrer que le point I est centre de symétrie de la courbe de f.
— Prendre I pour nouvelle origine du repère, et démontrer que la nouvelle fonction obtenue est impaire.
— Ou, si l'on a $I(a\,;0)$, démontrer que :
pour tout réel x tel que $f(x+a)$ soit défini,

$$f(x-a) = -\ f(x+a)\,.$$

■ Méthodes pour démontrer que la droite d'équation $x = a$ est axe de symétrie de la courbe de f.
— Prendre un point de la droite pour nouvelle origine du repère, par exemple $I(a\,;0)$, et démontrer que la nouvelle fonction obtenue est paire.
— Ou démontrer que :
pour tout réel x tel que $f(x+a)$ soit défini,

$$f(x-a) = f(x+a)\,.$$

ÉNONCÉS

Le plan est muni d'un repère orthonormal $(O\,;\vec{i},\vec{j})$, sauf indication contraire.

1.1 1) La somme de deux fonctions croissantes est-elle une fonction croissante ?

2) La somme de deux fonctions décroissantes est-elle une fonction décroissante ?

3) Le produit de deux fonctions croissantes est-il une fonction croissante ?

Fonctions rationnelles

1.2 *Equation $f(x) = m$*

Soit f la fonction de $\mathbb{R}$ dans $\mathbb{R}$ telle que :

$$f(x) = \frac{x^2 - 7x + 10}{(x+1)^2}.$$

1) Etudier f, et tracer sa courbe dans un plan muni d'un repère orthonormal $(O\,;\vec{i},\vec{j})$ (unité 1 cm).

Déterminer les coordonnées des points d'intersection de la courbe :
— avec les axes de coordonnées,
— avec la droite d'équation $y = 1$.

2) Déterminer graphiquement, selon le réel m, le nombre des réels x tels que :

$$f(x) = m.$$

1.3 *Asymptote oblique. Centre de symétrie*

A) Soit f la fonction de $\mathbb{R}$ dans $\mathbb{R}$ telle que :

$$f(x) = \frac{x^2 + 96x}{x - 4}.$$

1) Déterminer le tableau de variation de f.

2) a) Déterminer des réels a et b tels que, pour tout x de l'ensemble de définition de f,

$$f(x) = x + a + \frac{b}{x - 4}.$$

b) En déduire que la courbe de f a une asymptote en $-\infty$ et en $+\infty$.
Préciser la position de la courbe par rapport à son asymptote.
Tracer la courbe de f dans un plan muni d'un repère orthonormal $(O\,;\vec{i},\vec{j})$ (unité 1 mm).

3) Déterminer les coordonnées du point d'intersection I des deux asymptotes de la courbe de f.
Démontrer que I est centre de symétrie de la courbe de f.

B) Pour la fabrication d'un livre, on doit respecter sur chaque page des marges de 2 cm à droite et à gauche, 3 cm en bas et en haut.

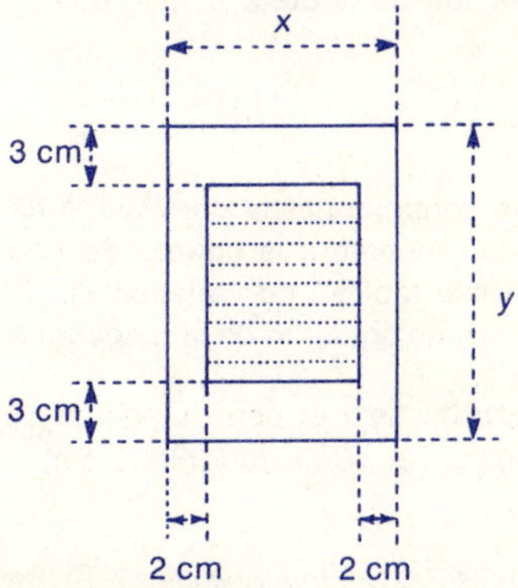

Dans la suite :
— l'unité de longueur est le centimètre,
— l'unité d'aire est le centimètre carré.
Soient x et y les mesures respectives de la largeur et de la hauteur d'une page.

1) Exprimer, en fonction de x et y, la mesure de :
— l'aire d'une page,
— l'aire de la partie de page disponible pour l'impression.

Application numérique
Calculer ces deux mesures pour :

$$x = 27 \quad \text{et} \quad y = 32\,, \quad x = 28 \quad \text{et} \quad y = 31\,, \quad x = 34 \quad \text{et} \quad y = 26\,.$$

2) On désire que l'aire de la partie disponible pour l'impression soit 600 cm^2.

a) Déterminer y en fonction de x pour qu'il en soit ainsi.
Démontrer que la mesure $S(x)$ de l'aire de la page est alors $6\,f(x)$.

b) Déterminer les dimensions de la page pour que la consommation de papier soit minimale, et calculer alors la mesure de l'aire de la page.

Fonctions non rationnelles

1.4 *Dérivabilité en* 0. *Equation d'une tangente*

Soit f la fonction de $\mathbb{R}$ dans $\mathbb{R}$ telle que :

$$f(x) = \frac{2 - \sqrt{x}}{2 + \sqrt{x}}.$$

1) Etudier la continuité et la dérivabilité de f, en particulier en 0.
En déduire la tangente à la courbe de f au point d'abscisse 0.

2) Déterminer le tableau de variation de f.

3) Déterminer une équation de la tangente à la courbe de f au point d'ordonnée 0.
Tracer la courbe de f et cette tangente dans un plan muni d'un repère orthonormal $(O\,;\vec{i},\vec{j})$ (unité 2 cm).

1.5 *Dérivabilité en* 1. *Asymptote oblique*

Soit f la fonction de $[1\,; +\infty[$ dans $\mathbb{R}$ telle que :

$$f(x) = x + \sqrt{x^2 - 1}\,.$$

1) Etudier la continuité et la dérivabilité de f, en particulier en 1.
En déduire les tangentes à la courbe de f au point d'abscisse 1.

2) Déterminer le tableau de variation de f.

3) Démontrer que la droite d'équation $y = 2\,x$ est asymptote à la courbe $\mathcal{C}$ de f en $+\infty$.

Préciser la position de la courbe par rapport à son asymptote.
Tracer la courbe de f dans un plan muni d'un repère orthonormal $(O\,;\vec{i},\vec{j})$ (unité 1 cm).

Fonctions trigonométriques

1.6 Soit f la fonction de $\mathbb{R}$ dans $\mathbb{R}$ telle que :

$$f(x) = 2\tan x - \tan^2 x.$$

Etudier f, et tracer sa courbe dans un plan muni d'un repère orthonormal $(O\,;\vec{i},\vec{j})$ (unité 1 cm).
Préciser les abscisses des points d'intersection de la courbe de f avec la droite $(O\,;\vec{i})$ qui sont comprises entre $-\frac{\pi}{2}$ et $\frac{\pi}{2}$.

SOLUTIONS

1.1 Soient f et g des fonctions définies sur un intervalle I de $\mathbb{R}$.

1) On suppose que f et g sont croissantes sur I.
Pour tous réels x_1 et x_2 de I tels que $x_1 < x_2$,

on a : $$\begin{cases} f(x_1) \leqslant f(x_2) \\ g(x_1) \leqslant g(x_2) \end{cases}$$

donc : $$f(x_1) + g(x_1) \leqslant f(x_2) + g(x_2)$$

d'où : $$(f+g)(x_1) \leqslant (f+g)(x_2).$$

Cela prouve que $f + g$ est croissante sur I.
Donc **la somme de deux fonctions croissantes est une fonction croissante.**

2) On suppose que f et g sont décroissantes sur I.
Pour tous réels x_1 et x_2 de I tels que $x_1 < x_2$,

on a : $$\begin{cases} f(x_1) \geqslant f(x_2) \\ g(x_1) \geqslant g(x_2) \end{cases}$$

donc : $$f(x_1) + g(x_1) \geqslant f(x_2) + g(x_2)$$

d'où . $$(f+g)(x_1) \geqslant (f+g)(x_2).$$

Cela prouve que $f + g$ est décroissante sur I.
Donc **la somme de deux fonctions décroissantes est une fonction décroissante.**

3) On suppose que f et g sont croissantes sur I.
Pour tous réels x_1 et x_2 de I tels que $x_1 < x_2$,

on a : $$\begin{cases} f(x_1) \leqslant f(x_2) \\ g(x_1) \leqslant g(x_2). \end{cases}$$

Ne connaissant pas le signe des réels $f(x_1)$, $f(x_2)$, $g(x_1)$, $g(x_2)$, les inégalités précédentes ne suffisent pas pour savoir comment sont rangés les produits $f(x_1)\,g(x_1)$ et $f(x_2)\,g(x_2)$.
Le produit de deux fonctions croissantes n'est pas toujours une fonction croissante.

Par exemple, la fonction $x \mapsto x$ est croissante sur $\mathbb{R}_+$ et sur $\mathbb{R}_-$; mais son carré, $x \mapsto x^2$, est une fonction croissante sur $\mathbb{R}_+$ et décroissante sur $\mathbb{R}_-$.

Si f et g sont positives et croissantes sur I, alors :
Pour tous réels x_1 et x_2 de I tels que $x_1 < x_2$,

on a : $$\begin{cases} 0 \leqslant f(x_1) \leqslant f(x_2) \\ 0 \leqslant g(x_1) \leqslant g(x_2), \end{cases}$$

donc : $$f(x_1)\,g(x_1) \leqslant f(x_2)\,g(x_2),$$

d'où : $$(fg)(x_1) \leqslant (fg)(x_2).$$

Cela prouve que fg est croissante sur I.
Donc **le produit de deux fonctions positives et croissantes est une fonction croissante.**
De même, le produit de deux fonctions positives et décroissantes est une fonction décroissante.
Il ne faut pas confondre le produit fg avec la composée $g \circ f$:

$$(fg)(x) = f(x)\,g(x),$$

alors que $$g \circ f(x) = g[f(x)].$$

On sait que :
— la composée de deux fonctions croissantes est une fonction croissante,
— la composée de deux fonctions décroissantes est une fonction croissante.

1.2 $f(x) = \dfrac{x^2 - 7x + 10}{(x+1)^2}$.

1) • *Ensemble de définition*
Soit $\mathcal{D}$ l'ensemble de définition de f.

$$\mathcal{D} = \mathbb{R} \setminus \{-1\}.$$

• *Continuité, dérivabilité*
f est continue et dérivable sur $\mathcal{D}$ comme fonction rationnelle.

• *Etude en $-\infty$ et en $+\infty$*
En $-\infty$ et en $+\infty$, toute fonction rationnelle a même limite que le quotient des termes de plus haut degré du numérateur et du dénominateur.

$$\lim_{x \to -\infty} f(x) = \lim_{x \to -\infty} \frac{x^2}{x^2} = 1.$$

$$\lim_{x \to +\infty} f(x) = \lim_{x \to +\infty} \frac{x^2}{x^2} = 1.$$

Donc la droite d'équation $y = 1$ est asymptote à la courbe de f.

- *Etude en* -1

$$\lim_{x \to -1} (x^2 - 7x + 10) = 18.$$

$$\lim_{x \to -1} (x+1)^2 = 0 \text{ et pour tout } x \text{ de } \mathcal{D}\ (x+1)^2 > 0,$$

donc $$\lim_{x \to -1} f(x) = +\infty.$$

Donc la droite d'équation $x = -1$ est asymptote à la courbe de f.

- *Dérivée*

Pour tout x de $\mathcal{D}$, on a :

$$f'(x) = \frac{(x+1)^2(2x-7) - (x^2 - 7x + 10)2(x+1)1}{(x+1)^4}$$

car si $g(x) = (x+1)^2$ alors $g'(x) = 2(x+1)1$,
d'après $(u^2)' = 2uu'$ avec $u(x) = x+1$

$$f'(x) = \frac{(x+1)(2x-7) - 2(x^2 - 7x + 10)}{(x+1)^3}$$

(on a simplifié par $x+1$)

$$f'(x) = \frac{9x - 27}{(x+1)^3} = \frac{9(x-3)}{(x+1)^3}.$$

$(x+1)^3$ est du signe de $x+1$.

Faisons un tableau pour déterminer le signe de $f'(x)$.

x	$-\infty$		-1		3		$+\infty$
$x-3$		$-$		$-$	0	$+$	
$x+1$		$-$	0	$+$		$+$	
$f'(x)$		$+$	‖	$-$	0	$+$	

$$f(3) = \frac{-2}{16} = -\frac{1}{8} = -0{,}125.$$

- *Autre façon pour le signe de* $f'(x)$

$$f'(x) \text{ est du signe de } \frac{x-3}{x+1},$$

donc $f'(x)$ est du signe de $(x-3)(x+1)$ (sauf pour $x = -1$).
Or le trinôme du second degré $x \mapsto (x-3)(x+1)$ est positif (du signe du coefficient de x^2) à l'extérieur de l'intervalle de ses racines -1 et 3, et négatif entre les racines. D'où le signe de $f'(x)$.

- *Tableau de variation*

x	$-\infty$		-1		3		$+\infty$
$f'(x)$		$+$	‖	$-$	0	$+$	
$f(x)$	1	$\nearrow$	$+\infty$ ‖ $+\infty$	$\searrow$	$-\frac{1}{8}$	$\nearrow$	1

f est strictement croissante sur $]-\infty\,;-1[$ et sur $[3\,;+\infty[$, et strictement décroissante sur $]-1\,;3]$.

- *Intersection avec les axes de coordonnées*

On a : $f(0) = 10$,
et, pour tout x de $\mathcal{D}$: $f(x) = 0 \Leftrightarrow x^2 - 7x + 10 = 0$.
Soit Δ le discriminant de $x \mapsto x^2 - 7x + 10$.

$$\Delta = (-7)^2 - 4 \times 10 = 49 - 40 = 9 = 3^2.$$

D'où les racines α et β :

$$\alpha = \frac{-(-7)-3}{2} = 2 \quad \text{et} \quad \beta = \frac{-(-7)+3}{2} = 5.$$

Donc **les coordonnées des points d'intersection de la courbe de f avec les axes de coordonnées sont : $(0\,;10)$, $(2\,;0)$, $(5\,;0)$.**

- *Intersection avec l'asymptote d'équation $y = 1$*

Pour tout x de $\mathcal{D}$: $f(x) = 1 \Leftrightarrow \dfrac{x^2 - 7x + 10}{(x+1)^2} = 1$

$$\Leftrightarrow x^2 - 7x + 10 = (x+1)^2$$
$$\Leftrightarrow x^2 - 7x + 10 = x^2 + 2x + 1$$
$$\Leftrightarrow 9 = 9x$$
$$\Leftrightarrow x = 1.$$

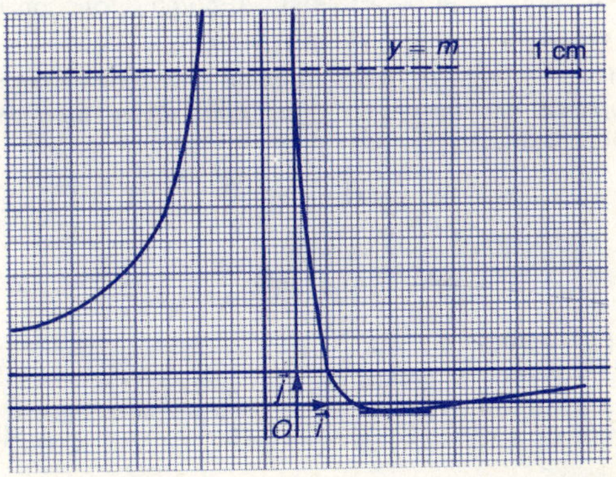

Donc **le point d'intersection de la courbe avec l'asymptote d'équation $y = 1$ est le point de coordonnées $(1\,;1)$.**

2) Les réels x tels que $f(x) = m$ sont les abscisses des points d'intersection de la courbe de f et de la droite d'équation $y = m$ (droite parallèle à $(O\,;\vec{i})$).

Si $m < -\frac{1}{8}$, il n'y a pas de solution.

Si $m = -\frac{1}{8}$, il y a une seule solution : 3.

Si $-\frac{1}{8} < m < 1$, il y a 2 solutions (l'une dans $]1\,;3[$ et l'autre dans $]3\,;+\infty[$).

Si $m = 1$, il y a une seule solution : 1.

Si $m > 1$, il y a 2 solutions (l'une dans $]-\infty;-1[$ et l'autre dans $]-1\,;1[$).

Les résultats sont résumés dans le tableau suivant.

m	$-\infty$		$-\frac{1}{8}$		1		$+\infty$
Nombre de solutions de $f(x) = m$		0	1	2	1	2	

1.3 A) $f(x) = \dfrac{x^2 + 96\,x}{x - 4}$.

1) • *Ensemble de définition*

Soit $\mathcal{D}$ l'ensemble de définition de f. $\mathcal{D} = \mathbb{R} \setminus \{4\}$.

• *Continuité, dérivabilité*

f est continue et dérivable sur $\mathcal{D}$ comme fonction rationnelle.

• *Etude en $-\infty$ et en $+\infty$*

En $-\infty$ et en $+\infty$, toute fonction rationnelle a même limite que le quotient des termes de plus haut degré du numérateur et du dénominateur.

$$\lim_{x \to -\infty} f(x) = \lim_{x \to -\infty} \frac{x^2}{x} = \lim_{x \to -\infty} x = -\infty\,.$$

$$\lim_{x \to +\infty} f(x) = \lim_{x \to +\infty} \frac{x^2}{x} = \lim_{x \to +\infty} x = +\infty\,.$$

• *Etude en 4*

$$\lim_{x \to 4} (x^2 + 96\,x) = 4^2 + 96 \times 4$$
$$> 0\,,$$

$$\lim_{x \to 4} (x-4) = 0 \quad \text{et} \quad \begin{cases} x < 4 \Rightarrow x - 4 < 0 \\ x > 4 \Rightarrow x - 4 > 0, \end{cases}$$

donc $\lim\limits_{\substack{x \to 4 \\ x < 4}} f(x) = -\infty$ et $\lim\limits_{\substack{x \to 4 \\ x > 4}} f(x) = +\infty$.

Donc la droite d'équation $x = 4$ est asymptote à la courbe de f.

- *Dérivée*

Pour tout x de $\mathcal{D}$, on a :

$$f'(x) = \frac{(x-4)(2x+96) - (x^2+96x)1}{(x-4)^2}$$
$$= \frac{x^2 - 8x - 384}{(x-4)^2}.$$

Donc $f'(x)$ est du signe de $x^2 - 8x - 384$.
Soit δ le discriminant réduit de $x \mapsto x^2 - 8x - 384$.

$$\delta = (-4)^2 - (-384) = 16 + 384 = 400 = 20^2.$$

Soient α et β les racines de ce trinôme.

$$\alpha = \frac{-(-4) - 20}{1} = -16, \quad \beta = \frac{-(-4) + 20}{1} = 24.$$

Le trinôme est positif (du signe du coefficient de x^2) à l'extérieur de l'intervalle des racines, et négatif entre les racines.

- *Tableau de variation*

x	$-\infty$		-16		4		24		$+\infty$
$f'(x)$		$+$	0	$-$	‖	$-$	0	$+$	
$f(x)$	$-\infty$	↗	64	↘	$-\infty$ ‖ $+\infty$	↘	144	↗	$+\infty$

f est strictement croissante sur $]-\infty\,;-16]$ et sur $[24\,;+\infty[$, et strictement décroissante sur $[-16\,;-4[$ et sur $]4\,;24]$.

- *Points particuliers*

Pour tout x de $\mathcal{D}$:

$$f(x) = 0 \Leftrightarrow x^2 + 96x = 0$$
$$\Leftrightarrow x(x+96) = 0$$
$$\Leftrightarrow x = 0 \text{ ou } x = -96.$$

2) *a*) Pour tout x de $\mathcal{D}$, on a :

$$f(x) = \frac{x^2 + 96\,x}{x - 4}$$
$$= \frac{x(x-4) + 4\,x + 96\,x}{-4}$$

car $x^2 = x(x-4) + 4\,x$ (on fait apparaître le dénominateur $x - 4$ afin de simplifier ensuite)

$$f(x) = \frac{x(x-4) + 100\,x}{x - 4}$$
$$= \frac{x(x-4) + 100\,(x-4) + 400}{x-4}$$

car $100\,x = 100\;(x-4) + 400$,

donc : $$f(x) = x + 100 + \frac{400}{x-4},$$

• *Autre façon*

Pour tout x de $\mathbb{R} \setminus \{4\}$, on a :

$$x + a + \frac{b}{x-4} = \frac{(x+a)(x-4)+b}{x-4}$$
$$= \frac{x^2 + (a-4)\,x + b - 4\,a}{x-4}.$$

Pour avoir : pour tout x de $\mathbb{R} \setminus \{4\}$, $f(x) = x + a + \dfrac{b}{x-4}$, il suffit que :

$$\begin{cases} a - 4 = 96 \\ b - 4\,a = 0 \end{cases} \quad \text{soit} \quad \begin{cases} a = 100 \\ b = 400\,. \end{cases}$$

b) Pour tout x de $\mathbb{R} \setminus \{4\}$, $f(x) = x + 100 + \dfrac{400}{x-4}$.

Or $\lim\limits_{x \to -\infty} \dfrac{400}{x-4} = 0$ et $\lim\limits_{x \to +\infty} \dfrac{400}{x-4} = 0$.

Donc **la droite d'équation $y = x + 100$ est asymptote à la courbe de f en $-\infty$ et en $+\infty$.**

$$(x = 0 \Rightarrow y = 100 \quad \text{et} \quad y = 0 \Rightarrow x = -100\,.)$$

Le point d'abscisse x de la courbe de f est strictement au-dessus de l'asymptote si et seulement si :

$$\frac{400}{x-4} > 0\,, \quad \text{soit} \quad x - 4 > 0\,, \quad \text{soit} \quad x > 4\,,$$

et strictement au-dessous si et seulement si $x < 4$.

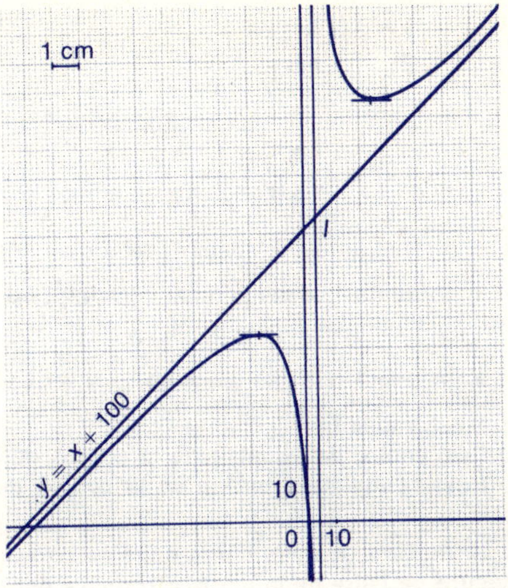

Donc **la courbe de la restriction de f :**
— à $]-\infty\,;4[$ est strictement au-dessous de l'asymptote,
— à $]4\,;+\infty[$ est strictement au-dessus de l'asymptote.

3) Soient x et y les coordonnées de I.

$$\begin{cases} x = 4 \\ y = x + 100 \end{cases} \quad \text{donc} \quad \textbf{on a } \boldsymbol{I(4\,;104)}.$$

Prenons le nouveau repère $(I\,;\vec{i},\vec{j})$.
Soit un point M de coordonnées $(x\,;y)$ dans le repère $(O\,;\vec{i},\vec{j})$, et $(X\,;Y)$ dans le repère $(I\,;\vec{i},\vec{j})$.

$$\overrightarrow{OM} = \overrightarrow{OI} + \overrightarrow{IM},$$

donc $$x\vec{i} + y\vec{j} = 4\,\vec{i} + 104\,\vec{j} + X\vec{i} + Y\vec{j},$$

donc $$\begin{cases} x = X + 4 \\ y = Y + 104. \end{cases}$$

On remarque : $$x \neq 4 \Leftrightarrow X \neq 0.$$

$$\begin{aligned} y = f(x) &\Leftrightarrow y = x + 100 + \frac{400}{x-4} \\ &\Leftrightarrow Y + 104 = (X+4) + 100 + \frac{400}{X} \\ &\Leftrightarrow Y = X + \frac{400}{X} \\ &\Leftrightarrow Y = F(X), \end{aligned}$$

F étant la fonction de $\mathbb{R}^*$ dans $\mathbb{R}$ telle que : $F(X) = X + \dfrac{400}{X}$.

Donc la courbe de f dans le repère $(O\,;\vec{i},\vec{j})$ est confondue avec la courbe de F dans le repère $(I\,;\vec{i},\vec{j})$.

Pour tout X de $\mathbb{R}^*$, $F(-X) = -X + \dfrac{400}{-X} = -F(X)$.

Donc F est impaire.
Donc I est centre de symétrie de la courbe de F.
Donc **I est centre de symétrie de la courbe de f.**

B) 1) **La mesure de l'aire d'une page est xy** (aire d'un rectangle).
La mesure de l'aire de la partie disponible est $(x-4)(y-6)$ (aire d'un rectangle de largeur $(x-4)$ cm et de hauteur $(y-6)$ cm).
(Il faut $x > 4$ et $y > 6$.)

Application numérique

x	y	Mesure de l'aire de la page xy	Mesure de l'aire de la partie disponible $(x-4)(y-6)$
27	32	864	598
28	31	868	600
34	26	884	600

2) a) Pour tous réels x et y tels que $x > 4$ et $y > 6$,

$$\begin{aligned} (x-4)(y-6) = 600 &\Leftrightarrow y - 6 = \frac{600}{x-4} \\ &\Leftrightarrow y = 6\left(1 + \frac{100}{x-4}\right) \\ &\Leftrightarrow y = 6\,\frac{x+96}{x-4}. \end{aligned}$$

Si $y = 6\,\dfrac{x+96}{x-4}$ alors $S(x) = xy = 6\,\dfrac{x^2 + 96\,x}{x-4} = 6\,f(x)$.

Donc **l'aire de la partie disponible est 600 cm^2 si et seulement si $y = 6\,\dfrac{x+96}{x-4}$, et dans ce cas, $S(x) = 6\,f(x)$.**

b) La consommation de papier est minimale quand l'aire $S(x)$ de la page est minimale.
Comme $S(x) = 6\,f(x)$, S est minimale quand f est minimale, soit pour $x = 24$ (car $x > 4$).
Alors $y = 6\,\dfrac{x+96}{x-4} = 36$,

$$S(x) = xy = 864\,.$$

Donc **la consommation de papier est minimale pour :**

$$\mathbf{x = 24 \quad et \quad y = 36\,.}$$

Alors l'aire de la page est 864 cm^2.

1.4 $f(x) = \dfrac{2-\sqrt{x}}{2+\sqrt{x}}$.

1) • *Ensemble de définition*
$\sqrt{x}$ est défini si et seulement si $x \geqslant 0$.
Et $\qquad 2 + \sqrt{x} \neq 0 \quad$ car $\sqrt{x} \geqslant 0$.

Donc l'ensemble de définition de f est $[0\,;+\infty[$.

• *Continuité, dérivabilité*
La fonction $\sqrt{\ }$ est continue sur $[0\,;+\infty[$ et dérivable seulement sur $]0\,;+\infty]$ (elle n'est pas dérivable en 0).
Donc f est continue sur $[0\,;+\infty[$ et dérivable au moins sur $]0\,;+\infty[$.

• *Dérivabilité en* 0
Pour tout x de $]0\,;+\infty[$, on a :

$$\frac{f(x)-f(0)}{x-0} = \frac{f(x)-1}{x} \quad \text{(on obtient la forme } \tfrac{0}{0}\text{)}$$

$$\frac{f(x)-f(0)}{x-0} = \frac{\dfrac{2-\sqrt{x}}{2+\sqrt{x}} - 1}{x} = \frac{2-\sqrt{x}-(2+\sqrt{x})}{x(2+\sqrt{x})}$$

$$\frac{f(x)-f(0)}{x-0} = -\frac{2\sqrt{x}}{x(2+\sqrt{x})} = -\frac{2}{\sqrt{x}(2+\sqrt{x})} \quad \text{car } x = (\sqrt{x})^2.$$

Or $\lim\limits_{x \to 0} \sqrt{x}(2+\sqrt{x}) = 0$ et pour tout x de $]0\,;+\infty[$, $\sqrt{x}(2+\sqrt{x}) > 0$, donc $$\lim_{x \to 0} \frac{f(x) - f(0)}{x - 0} = -\infty .$$

Donc f n'est pas dérivable en 0.

La courbe de f a une tangente au point d'abscisse 0, qui est parallèle à $(O ; \vec{j})$.

Ici, **la tangente au point d'abscisse 0 est $(O ; \vec{j})$.**

Finalement, **f est continue sur $[0 ; +\infty[$ et dérivable seulement sur $]0 ; +\infty[$.**

2) *Etude en* $+\infty$

$\lim_{x \to +\infty} \sqrt{x} = +\infty$ (pour f on obtient la forme $\frac{\infty}{\infty}$),

or $\lim_{X \to +\infty} \frac{2 - X}{2 + X} = \lim_{X \to +\infty} \frac{-X}{X} = -1$ (limite d'une fonction rationnelle),

donc $$\lim_{x \to +\infty} f(x) = -1 .$$

Donc la droite d'équation $y = -1$ est asymptote à la courbe de f.

- *Dérivée*

Pour tout x de $]0 ; +\infty[$, on a :

$$f'(x) = \frac{(2 + \sqrt{x})\left(-\frac{1}{2\sqrt{x}}\right) - (2 - \sqrt{x})\frac{1}{2\sqrt{x}}}{(2 + \sqrt{x})^2}$$

donc : $$f'(x) = -\frac{2 + \sqrt{x} + 2 - \sqrt{x}}{2\sqrt{x}(2 + \sqrt{x})^2} = -\frac{2}{\sqrt{x}(2 + \sqrt{x})^2}$$

d'où : $f'(x) < 0$.

Donc f' est strictement négative sur $]0 ; +\infty[$ (ouvert en 0).

Or f est continue sur $[0 ; +\infty[$ (fermé en 0).

Donc f est strictement décroissante sur $[0 ; +\infty[$ (fermé en 0).

- *Tableau de variation*

x	0		$+\infty$
$f'(x)$	‖	$-$	
$f(x)$	1	↘	-1

3) Pour tout x de $[0\,;+\infty[$:

$$f(x)=0 \Leftrightarrow \sqrt{x}=2$$
$$\Leftrightarrow x=4\,.$$

Le coefficient directeur de la tangente au point d'abscisse 4 est $f'(4)$.

Donc **une équation de la tangente au point d'ordonnée 0 est :**

$$y-f(4)=f'(4)(x-4)\,;$$

soit $$y-0=-\frac{1}{16}(x-4)\,;$$

soit $$\boldsymbol{y=-\frac{x}{16}+\frac{1}{4}}.$$

$$\left(x=0 \Rightarrow y=\frac{1}{4}.\right)$$

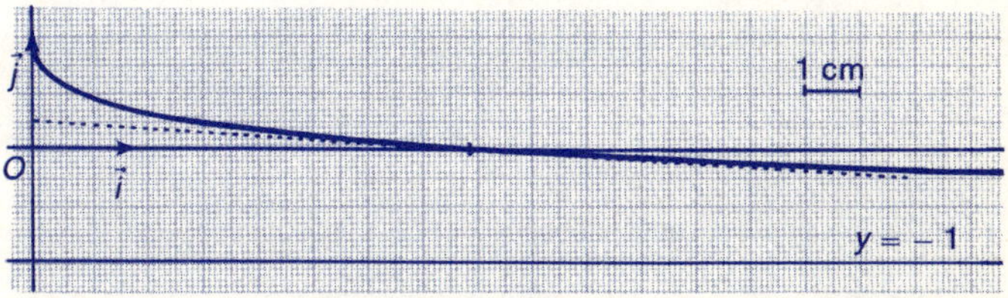

1.5 $f : [1\,;+\infty[\,\to \mathbb{R}$.

$$x \mapsto x+\sqrt{x^2-1}\,.$$

1) • *Ensemble de définition*

La fonction $x \mapsto x^2-1$ est positive sur $[1\,;+\infty[$, donc f a pour ensemble de définition $[1\,;+\infty[$.

• *Continuité, dérivabilité*

La fonction $\sqrt{\ }$ est continue sur $[0\,;+\infty[$ et dérivable seulement sur $]0\,;+\infty[$ (elle n'est pas dérivable en 0).

De plus le polynôme $x \mapsto x^2-1$ est positif sur $[1\,;+\infty[$ et ne s'annule qu'en 1 sur cet intervalle.

Donc f est continue sur $[1\,;+\infty[$ et dérivable au moins sur $]1\,;+\infty[$.

• *Dérivabilité en* 1

Pour tout x de $]1 ; +\infty[$:

$$\frac{f(x)-f(1)}{x-1} = \frac{x+\sqrt{x^2-1}-1}{x-1} \quad \text{(on obtient la forme } \frac{0}{0}\text{)}$$

$$= \frac{x-1+\sqrt{x^2-1}}{x-1} = 1 + \frac{\sqrt{x^2-1}}{x-1}$$

$$= 1 + \frac{\left(\sqrt{x^2-1}\right)^2}{(x-1)\sqrt{x^2-1}}$$

(on a multiplié et divisé par $\sqrt{x^2-1}$, $\sqrt{x^2-1} \neq 0$ car $x \neq -1$ et $x \neq 1$)

$$= 1 + \frac{x^2-1}{(x-1)\sqrt{x^2-1}}$$

$$= 1 + \frac{(x-1)(x+1)}{(x-1)\sqrt{x^2-1}}$$

$$= 1 + \frac{x+1}{\sqrt{x^2-1}}.$$

Or $\lim\limits_{x \to 1} (x+1) = 2$, $\lim\limits_{x \to 1} \sqrt{x^2-1} = 0$,

et pour tout x de $]1 ; +\infty[$: $\sqrt{x^2-1} > 0$,

donc $$\lim_{x \to 1} \frac{x+1}{\sqrt{x^2-1}} = +\infty.$$

Donc $$\lim_{x \to 1} \frac{f(x)-f(1)}{x-1} = +\infty.$$

Donc f n'est pas dérivable en 1.

La courbe de f a une tangente au point d'abscisse 1, qui est parallèle à $(O ; \vec{j})$.

• *Autre façon*

Pour tout x de $]1 ; +\infty[$:

$$\frac{f(x)-f(1)}{x-1} = \frac{x+\sqrt{x^2-1}-1}{x-1}$$

$$= \frac{x-1+\sqrt{(x-1)(x+1)}}{x-1}$$

$$= 1 + \frac{\sqrt{x-1}\,\sqrt{x+1}}{x-1} \quad \text{car } x-1>0 \text{ et } x+1>0$$

$$= 1 + \frac{\sqrt{x+1}}{\sqrt{x-1}} \quad \text{car } x-1 = \left(\sqrt{x-1}\right)^2.$$

Or $\lim\limits_{x \to 1} \sqrt{x+1} = \sqrt{2}$, $\quad \lim\limits_{x \to 1} \sqrt{x-1} = 0$

et pour tout x de $]1\,;+\infty[$, $\sqrt{x-1} > 0$,

donc $\lim\limits_{\substack{x \to 1 \\ x > 1}} \dfrac{\sqrt{x+1}}{\sqrt{x-1}} = +\infty$, donc $\lim\limits_{x \to 1} \dfrac{f(x)-f(1)}{x-1} = +\infty$.

2) *Etude en* $+\infty$

$$\lim_{x \to +\infty} \sqrt{x^2-1} = +\infty\,, \quad \text{donc} \quad \lim_{x \to +\infty} f(x) = +\infty\,.$$

• *Dérivée*

Pour tout x de $]1\,;+\infty[$:

$$f'(x) = 1 + \frac{2x}{2\sqrt{x^2-1}} \quad \text{car } (\sqrt{u})' = \frac{u'}{2\sqrt{u}}$$

$$= 1 + \frac{x}{\sqrt{x^2-1}}\,.$$

Donc : $\qquad f'(x) > 0$,

ce qui prouve que f est strictement croissante sur $]1\,;+\infty[$.

Or f est continue sur $[1\,;+\infty[$.

Donc f est strictement croissante sur $[1\,;+\infty[$.

• *Tableau de variation*

x	1		$+\infty$
$f'(x)$	‖	$+$	
$f(x)$	1	$\nearrow$	$+\infty$

• *Autre façon pour le sens de variation*

La fonction $x \mapsto \sqrt{x^2-1}$ est strictement croissante sur $[1\,;+\infty[$ comme composée des fonctions strictement croissantes $x \mapsto x^2-1$ et $\sqrt{}$.

Donc f est strictement croissante sur $[1\,;+\infty[$ comme somme des fonctions strictement croissantes $x \mapsto x$ et $x \mapsto \sqrt{x^2-1}$.

3) *Si x est « grand » par rapport à* 1,

$f(x)$ est « voisin » de $x + \sqrt{x^2}$,
soit de $x + |x|$,
soit de $2x$.

Pour tout x de $[1\,;+\infty[$:

$$f(x) - 2x = -x + \sqrt{x^2-1}$$

(on obtient la forme $-\infty + \infty$, on utilise l'expression conjuguée)

$$= \frac{(-x+\sqrt{x^2-1})(x+\sqrt{x^2-1})}{x+\sqrt{x^2-1}}$$

car $x + \sqrt{x^2-1} = f(x) \neq 0$

$$= \frac{(\sqrt{x^2-1})^2 - x^2}{x+\sqrt{x^2-1}} = \frac{x^2-1-x^2}{x+\sqrt{x^2-1}}$$

$$= \frac{-1}{f(x)}.$$

Or $\lim\limits_{x \to +\infty} f(x) = +\infty$, donc $\lim\limits_{x \to +\infty} \frac{-1}{f(x)} = 0$.

Donc **la droite Δ d'équation $y = 2x$ est asymptote à la courbe $\mathcal{C}$ de f en $+\infty$.**

De plus :

pour tout x de $[1\,;+\infty[$, $-\frac{1}{f(x)} < 0$ (car $f(x) > 0$).

Donc **la courbe $\mathcal{C}$ de f est strictement au-dessous de l'asymptote.**

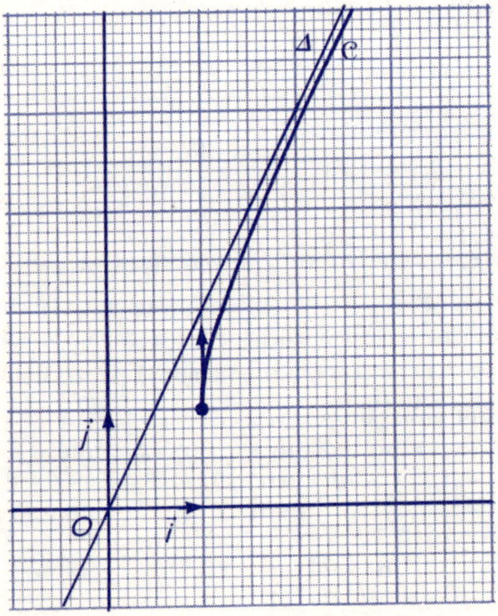

1.6 $f(x) = 2\tan x - \tan^2 x$.

• *Ensemble de définition*

Soit $\mathcal{D}$ l'ensemble de définition de f.

$\mathcal{D}$ est l'ensemble de définition de tan :

$$\mathcal{D} = \mathbb{R}\setminus\left(\frac{\pi}{2} + \pi\mathbb{Z}\right).$$

• *Continuité, dérivabilité*

f est continue et dérivable sur $\mathcal{D}$ comme différence des fonctions continues et dérivables $x \mapsto 2\tan x$ et $x \mapsto \tan^2 x$, elle-même carré d'une fonction dérivable.

• *Périodicité*

π est une période de tan, donc π est une période de f.

Donc il suffit d'étudier f sur un intervalle de largeur π, par exemple $\left[-\frac{\pi}{2}\,;\,\frac{\pi}{2}\right]$.

• *Etude en* $-\frac{\pi}{2}$

$$\lim_{\substack{x \to -\frac{\pi}{2} \\ x > -\frac{\pi}{2}}} \tan x = -\infty, \quad \text{donc} \quad \lim_{\substack{x \to -\frac{\pi}{2} \\ x > -\frac{\pi}{2}}} \tan^2 x = +\infty,$$

$$\text{donc} \quad \lim_{\substack{x \to -\frac{\pi}{2} \\ x > -\frac{\pi}{2}}} f(x) = -\infty.$$

Donc la droite d'équation $x = -\frac{\pi}{2}$ est asymptote à la courbe de f.

• *Etude en* $\frac{\pi}{2}$

$\lim\limits_{\substack{x \to \frac{\pi}{2} \\ x < \frac{\pi}{2}}} \tan x = +\infty$ (pour f on obtient la forme $\infty - \infty$).

Pour tout x de $\mathcal{D}$:

$$f(x) = 2\tan x - \tan^2 x = \tan x(2 - \tan x).$$

Or $\lim\limits_{\substack{x \to \frac{\pi}{2} \\ x < \frac{\pi}{2}}} \tan x = +\infty$, donc $\lim\limits_{\substack{x \to \frac{\pi}{2} \\ x < \frac{\pi}{2}}} (2 - \tan x) = -\infty$, donc $$\lim_{\substack{x \to \frac{\pi}{2} \\ x < \frac{\pi}{2}}} f(x) = -\infty .$$

Donc la droite d'équation $x = \frac{\pi}{2}$ est asymptote à la courbe de *f*.

• *Dérivée*

Pour tout x de $\mathcal{D}$:

$$f'(x) = 2(1 + \tan^2 x) - 2\tan x(1 + \tan^2 x)$$

car $\tan'(x) = 1 + \tan^2 x$ et $(u^2)' = 2uu'$

$$f'(x) = 2(1 + \tan^2 x)(1 - \tan x).$$

Pour tout x de $\left]-\frac{\pi}{2}\,;\frac{\pi}{2}\right[$:

$$f'(x) > 0 \Leftrightarrow 1 - \tan x > 0$$

$$\Leftrightarrow \tan\frac{\pi}{4} > \tan x$$

$$\Leftrightarrow \frac{\pi}{4} > x$$

car tan est strictement croissante sur $\left]-\frac{\pi}{2}\,;\frac{\pi}{2}\right[$.

Pour tout x de $\left]-\frac{\pi}{2}\,;\frac{\pi}{2}\right[$:

$$f'(x) = 0 \Leftrightarrow \tan x = \tan\frac{\pi}{4}$$

$$\Leftrightarrow x = \frac{\pi}{4} \qquad \text{car } x \in \left]-\frac{\pi}{2}\,;\frac{\pi}{2}\right[.$$

• *Tableau de variation*

x	$-\frac{\pi}{2}$		$\frac{\pi}{4}$		$\frac{\pi}{2}$
$f'(x)$	‖	+	0	−	‖
$f(x)$	‖ $-\infty$	↗	1	↘	$-\infty$ ‖

f est strictement croissante sur $\left]-\frac{\pi}{2}\,;\frac{\pi}{4}\right]$,

et strictement décroissante sur $\left[\frac{\pi}{4}\,;\frac{\pi}{2}\right[$.

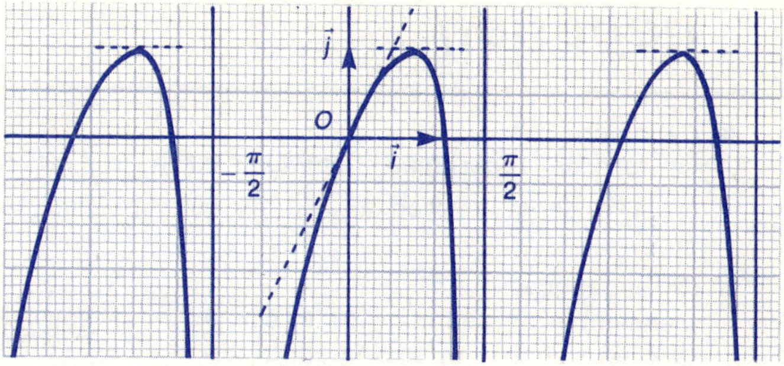

• *Intersection avec $(O\,;\vec{i})$*

Pour tout x de $\left]-\frac{\pi}{2}\,;\frac{\pi}{2}\right[$:

$$f(x)=0 \Leftrightarrow \tan x(2-\tan x)=0$$

$$\Leftrightarrow \tan x = 0 \quad \text{ou} \tan x = 2$$
$$\Leftrightarrow x=0 \quad \text{ou} \tan x = 2\,.$$

Si $\tan\ x=2$ alors $x \approx 1{,}107$.
$f'(0)=2$, donc la tangente en O est la droite d'équation $y=2\,x$.

2. Fonction logarithme népérien

■ Définition

La fonction **logarithme népérien,** notée ln, est l'unique primitive de la fonction $x \mapsto \frac{1}{x}$ sur $]0\,;+\infty[$ qui s'annule en 1.

■ Conséquences

L'ensemble de définition de ln est $]0\,;+\infty[$, soit $\mathbb{R}_+^*$.

$\ln x$ est défini si et seulement si $x > 0$.

$\ln 1 = 0$.

ln est dérivable (donc continue) sur $]0\,;+\infty[$.

Pour tout x de $]0\,;+\infty[$, $\ln'(x) = \frac{1}{x}$.

■ Tableau de variation

x	0		$+\infty$
$\ln'(x)$		$+$	
$\ln x$	$-\infty$	$\nearrow$	$+\infty$

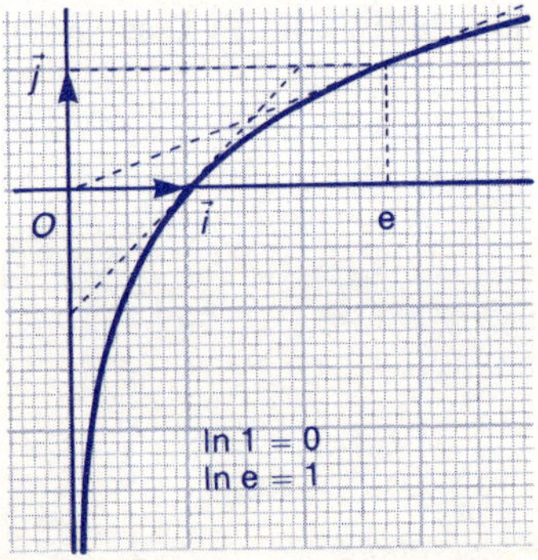

L'unique antécédent de 1 par ln est noté e :

$$\ln e = 1 . \qquad (e \approx 2{,}718\ .)$$

■ Propriétés

ln est strictement croissante, donc :

pour tous x et y de $\mathbb{R}_+^*$, $x < y \Leftrightarrow \ln x < \ln y$.

ln est une bijection de $\mathbb{R}_+^*$ sur $\mathbb{R}$, donc :
pour tous x et y de $\mathbb{R}_+^*$, $x = y \Leftrightarrow \ln x = \ln y$.

■ Conséquences
Pour tout x de $\mathbb{R}_+^*$:

$$\ln x > 0 \Leftrightarrow x > 1 .$$
$$\ln x < 0 \Leftrightarrow x < 1 .$$
$$\ln x = 0 \Leftrightarrow x = 1 .$$

■ Propriétés
Pour tous x et y de $\mathbb{R}_+^*$ et tout réel α :

$$\ln xy = \ln x + \ln y .$$
$$\ln \frac{1}{x} = -\ln x .$$
$$\ln \frac{x}{y} = \ln x - \ln y .$$
$$\ln x^{\alpha} = \alpha \ln x .$$

■ *Limites*

• $\lim\limits_{x \to 0} x \ln x = 0$, $\quad \lim\limits_{x \to +\infty} \dfrac{\ln x}{x} = 0$;

plus généralement, pour tout α de $\mathbb{R}_+^*$:

$$\lim_{x \to 0} x^{\alpha} \ln x = 0 , \quad \lim_{x \to +\infty} \frac{\ln x}{x^{\alpha}} = 0 .$$

On peut retenir ces propriétés en remarquant que :
« si $\alpha > 0$ alors x^{α} l'emporte sur $\ln x$ ».
Mais cette remarque n'est qu'un moyen de retenir ces propriétés, et on ne doit pas l'appliquer dans d'autres cas non démontrés.

• $\lim\limits_{h \to 0} \dfrac{\ln (1+h)}{h} = \lim\limits_{h \to 0} \dfrac{\ln (1+h) - \ln 1}{h} = \ln'(1) = \dfrac{1}{1} = 1 .$

(Ne pas apprendre ce résultat par cœur, mais savoir le retrouver.)

• Il existe une application ε de $]-1 ; +\infty[$ dans $\mathbb{R}$ telle que, pour tout h de $]-1 ; +\infty[$:

$$\ln (1+h) = h + h\varepsilon(h) , \quad \text{et} \quad \lim_{h \to 0} \varepsilon(h) = 0 .$$

■ *Dérivées*

La dérivée de $x \mapsto \ln |x|$ est $x \mapsto \frac{1}{x}$.

Pour toute fonction u dérivable, $\ln \circ u$ et $\ln \circ |u|$ sont dérivables sur leur ensemble de définition, et :

$$(\ln \circ u)' = \frac{u'}{u}, \qquad (\ln \circ |u|)' = \frac{u'}{u}.$$

ÉNONCÉS

Le plan est muni d'un repère orthonormal $(O, \vec{i}, \vec{j})$.

2.1 Déterminer l'ensemble des réels x tels que :

1) $\ln(3 + x) = \ln 3 + \ln x$;
2) $\ln 3x = 3 \ln x$.

2.2 Déterminer la limite éventuelle de la fonction f proposée en a.

1) $x \mapsto \ln(9 - x^2)$, $a = 3$.
2) $x \mapsto \ln(1 - \ln x)$, $a = e$.
3) $x \mapsto x^2 - \ln x$, $a = +\infty$.
4) $x \mapsto \dfrac{x}{\ln x}$, $a = 0$.

2.3 Déterminer la fonction dérivée de la fonction f proposée.

1) $x \mapsto \ln |x^2 - 1|$.
2) $x \mapsto x \ln x$.
3) $x \mapsto \dfrac{\ln x}{1 + \ln x}$.

2.4 *Prolongement par continuité en* 0. *Dérivabilité en* 0
Soit f la fonction de $\mathbb{R}$ dans $\mathbb{R}$ telle que :

$$f(x) = \frac{x}{\ln x}.$$

1) Démontrer que f admet un prolongement par continuité en 0. Soit g cette fonction.

2) Etudier la dérivabilité en 0 de g.

3) Déterminer le tableau de variation de g.

4) Démontrer que :

$$\text{pour tout } x \text{ de } \left]e\,;+\infty\right[,\ g(x) < x.$$

Interpréter ce résultat graphiquement.
Tracer la courbe $\mathcal{C}$ de g dans un plan muni d'un repère orthonormal $(O\,; \vec{i}, \vec{j})$ (unité 1 cm).

2.5 Soit f la fonction de $\mathbb{R}$ dans $\mathbb{R}$ telle que :

$$f(x) = 2 - x + 2 \ln (x + 1).$$

1) Déterminer le tableau de variation de f.

2) Démontrer qu'il existe exactement 2 réels x tels que $f(x) = 0$.

Soient α et β ces réels.
A l'aide d'une calculatrice, déterminer un encadrement de α et β de largeur 10^{-2}.
Tracer la courbe de f dans un plan muni d'un repère orthonormal $(O ; \vec{i}, \vec{j})$ (unité 1 cm).

2.6 Soient f, g, h, h_1, h_2 les fonctions de $\mathbb{R}$ dans $\mathbb{R}$ telles que :

$$f(x) = \frac{x-1}{x+1}, \quad g(x) = \left| \frac{x-1}{x+1} \right|, \quad h(x) = \ln \left| \frac{x-1}{x+1} \right|,$$

$$h_1(x) = \ln \frac{x-1}{x+1}, \quad h_2(x) = \ln (x-1) - \ln (x+1).$$

1) Etudier f, et tracer sa courbe dans un plan muni d'un repère orthonormal $(O ; \vec{i}, \vec{j})$ (unité 1 cm).

2) De la courbe de f, déduire la courbe de g dans le même repère.

3) De la courbe de g, déduire le tableau de variation de g, puis celui de h.

4) Retrouver le tableau de variation de h en étudiant h directement, et tracer la courbe de h sur une autre figure.

5) De l'étude de h, déduire la courbe de h_1.

6) De l'étude de h, déduire la courbe de h_2.

SOLUTIONS

2.1 1) Equation $\ln(3+x)=\ln 3+\ln x$.
$\ln x$ est défini si et seulement si $x>0$.
Si $x>0$ alors $3+x>0$, donc $\ln(3+x)$ est défini.

Pour tout x de $\mathbb{R}_+^*$:

$$\begin{aligned}\ln(3+x)=\ln 3+\ln x &\Leftrightarrow \ln(3+x)=\ln 3x\\ &\Leftrightarrow 3+x=3x\\ &\quad\text{(car ln est bijective)}\\ &\Leftrightarrow 3=2x\\ &\Leftrightarrow x=\frac{3}{2}.\end{aligned}$$

On a bien $\frac{3}{2}\in\mathbb{R}_+^*$.

Donc **l'ensemble des réels x tels que $\ln(3+x)=\ln 3+\ln x$ est $\left\{\frac{3}{2}\right\}$.**

Vérification : $3+\frac{3}{2}=3+1{,}5=4{,}5$ et $3\times\frac{3}{2}=3\times 1{,}5=4{,}5$.

2) Equation $\ln 3x=3\ln x$.
$\ln x$ est défini si et seulement si $x>0$.
Si $x>0$ alors $3x>0$, donc $\ln 3x$ est défini.
Pour tout x de $\mathbb{R}_+^*$:

$$\begin{aligned}\ln 3x=3\ln x &\Leftrightarrow \ln 3x=\ln x^3\\ &\Leftrightarrow 3x=x^3 \text{ car ln est bijective}\\ &\Leftrightarrow 3=x^2 \quad\text{car}\quad x\neq 0,\quad\text{puisque}\quad x\in\mathbb{R}_+^*\\ &\Leftrightarrow x=-\sqrt{3}\quad\text{ou}\quad x=\sqrt{3}\\ &\Leftrightarrow x=\sqrt{3}\quad\text{car}\quad x\in\mathbb{R}_+^*.\end{aligned}$$

Donc **l'ensemble des réels x tels que $\ln 3x=3\ln x$ est $\{\sqrt{3}\}$.**
Vérification : $3\sqrt{3}=(\sqrt{3})^2\sqrt{3}=(\sqrt{3})^3$.

2.2 1) $f: x\mapsto \ln(9-x^2)$, $a=3$.
$\mathcal{D}_f$ est l'ensemble des réels x tels que : $9-x^2>0$,

c'est-à-dire : $x^2<9$.

Donc : $\mathcal{D}_f=]-3\,;3[$;

f est bien définie au voisinage de 3.

f est la composée de $x \mapsto 9 - x^2$ par ln et on a :

$$\lim_{x \to 3} (9 - x^2) = 0 ,$$

$$\lim_{0} \ln = -\infty ,$$

donc : $$\lim_{3} f = -\infty .$$

2) $f : x \mapsto \ln (1 - \ln x)$, $a = \mathrm{e}$.
$\mathcal{D}_f$ est l'ensemble des réels x qui vérifient :

$$x > 0 \quad \text{et} \quad 1 - \ln x > 0 ,$$

c'est-à-dire : $$x > 0 \quad \text{et} \quad \ln x < 1 ,$$

soit : $$0 < x < \mathrm{e} .$$

Il vient : $$\mathcal{D}_f =]0 ; \mathrm{e}[;$$

f est bien définie au voisinage de e.
f est la composée de $x \mapsto 1 - \ln x$ par $X \mapsto \ln X$ et on a :

$$\lim_{x \to \mathrm{e}} (1 - \ln x) = 0 ,$$

$$\lim_{X \to 0} \ln X = -\infty ,$$

donc, d'après le théorème sur la limite d'une fonction composée :

$$\lim_{\mathrm{e}} f = -\infty .$$

3) $f : x \mapsto x^2 - \ln x$, $a = +\infty$.

$$\mathcal{D}_f =]0 ; +\infty[.$$

f se présente comme la différence de deux fonctions de limite $+\infty$ en $+\infty$.
Les théorèmes élémentaires sur les limites ne permettent pas de donner directement la réponse.
Pour lever l'indétermination, factorisons $f(x)$ par x^2 (on sait que « x^2 l'emporte sur $\ln x$ en $+\infty$ »).
Pour tout x de $]0 ; +\infty[$: $f(x) = x^2 \left(1 - \dfrac{\ln x}{x^2}\right)$

et on sait que : $\lim\limits_{x \to +\infty} \dfrac{\ln x}{x^2} = 0$,

donc : $\lim\limits_{x \to +\infty} \left(1 - \dfrac{\ln x}{x^2}\right) = 1$;

de plus : $\lim\limits_{x \to +\infty} x^2 = +\infty$,

donc : $\mathbf{\lim\limits_{+\infty} f = +\infty}$ **.**

4) $f : x \mapsto \dfrac{x}{\ln x}$, $a = 0$.

$\mathcal{D}_f$ est l'ensemble des réels x tels que : $x > 0$ et $\ln x \neq 0$,

donc : $\mathcal{D}_f =]0\,;1[\, \cup \,]1\,;+\infty[$.

On a : $\lim\limits_{0} \ln = -\infty$, donc $\lim\limits_{x \to 0} \dfrac{1}{\ln x} = 0$.

f est donc le produit de deux fonctions $x \mapsto x$ et $x \mapsto \dfrac{1}{\ln x}$ de limite 0 en 0,

donc : $\mathbf{\lim\limits_{0} f = 0}$ **.**

2.3 1) $f : x \mapsto \ln |x^2 - 1|$.
$\mathbf{\mathcal{D}_f = \mathbb{R} \setminus \{-1\,;1\}}$; f est de la forme $\ln |u|$ (avec $u : x \mapsto x^2 - 1$).
***f* est dérivable sur $\mathcal{D}_f$** et pour tout x de $\mathcal{D}_f$:

$$\mathbf{f'(x) = \frac{2x}{x^2 - 1}}\,.$$

2) $f : x \mapsto x \ln x$.
***f* est dérivable sur** son ensemble de définition $]\mathbf{0}\,;+\infty[$, et pour tout x de cet intervalle :

$$f'(x) = 1 \times \ln x + x \times \frac{1}{x},$$

donc : $\mathbf{f'(x) = \ln x + 1}$ **.**

3) $f : x \mapsto \dfrac{\ln x}{1 + \ln x}$.

$\mathcal{D}_f$ est l'ensemble des réels x tels que :

$$x > 0 \quad \text{et} \quad 1 + \ln x \neq 0,$$

c'est-à-dire : $x > 0$ et $x \neq \dfrac{1}{e}$,

donc : $$\mathcal{D}_f = \left]0\,;\frac{1}{e}\right[\cup \left]\frac{1}{e}\,;+\infty\right[.$$

f est dérivable sur $\mathcal{D}_f$ et pour tout x de $\mathcal{D}_f$:

$$f'(x) = \frac{\frac{1}{x} \times (1 + \ln x) - (\ln x) \times \frac{1}{x}}{(1 + \ln x)^2}$$

donc : $$\boldsymbol{f'(x) = \frac{1}{x(1 + \ln x)^2}}.$$

2.4 $f(x) = \dfrac{x}{\ln x}$.

1) • *Ensemble de définition*

f est définie en x si et seulement si :

$$x > 0 \quad \text{et} \quad \ln x \neq 0\,;$$

soit $$x > 0 \quad \text{et} \quad x \neq 1.$$

Donc l'ensemble de définition $\mathcal{D}$ de f est $]0\,;1[\, \cup \,]1\,;+\infty[$.

• *Continuité, dérivabilité*

f est continue et dérivable sur $\mathcal{D}$.

• *Etude en* 0

$$\lim_{x \to 0} \ln x = -\infty, \quad \text{donc} \quad \lim_{x \to 0} f(x) = 0.$$

Donc **on peut prolonger f par continuité en 0 ;**
la fonction g est définie sur $\mathcal{D} \cup \{0\}$ par :

$$\begin{cases} \text{si } x \in \mathcal{D}, \text{ alors } g(x) = f(x) \\ g(0) = 0. \end{cases}$$

2) *Dérivabilité en* 0

Pour tout x de $\mathcal{D}$: $\dfrac{g(x) - g(0)}{x - 0} = \dfrac{f(x) - 0}{x - 0} = \dfrac{1}{\ln x}$.

Or $\lim\limits_{x \to 0} \ln x = -\infty$, donc $\lim\limits_{x \to 0} \dfrac{g(x) - g(0)}{x - 0} = 0$.

Donc **g est dérivable en 0** et $g'(0) = 0$.
Donc la tangente en O à la courbe $\mathcal{C}$ est $(O\,; \vec{i})$.
Finalement, g est dérivable sur $\mathbb{R}_+ \setminus \{1\}$.

3) • *Etude en 1*

$$\lim_{x \to 1} x = 1,$$

$$\lim_{x \to 1} \ln x = \ln 1 = 0, \quad \text{et} \quad \begin{cases} 0 < x < 1 \Rightarrow \ln x < 0 \\ x > 1 \quad\quad \Rightarrow \ln x > 0, \end{cases}$$

donc $$\lim_{\substack{x \to 1 \\ x < 1}} g(x) = -\infty \quad \text{et} \quad \lim_{\substack{x \to 1 \\ x > 1}} g(x) = +\infty.$$

Donc la droite d'équation $x = 1$ est asymptote à la courbe de $\mathcal{C}$.

• *Etude en* $+\infty$

$\lim\limits_{x \to +\infty} \ln x = +\infty$ (pour f on obtient la forme $\left.\frac{\infty}{\infty}\right)$.

Pour tout x de $\mathcal{D}$: $g(x) = \dfrac{x}{\ln x} = \dfrac{1}{\dfrac{\ln x}{x}}$.

On sait que $\lim\limits_{x \to +\infty} \dfrac{\ln x}{x} = 0,$

et si $x > 1$ alors $\dfrac{\ln x}{x} > 0$ (car $\ln x > 0$),

donc $\lim\limits_{x \to +\infty} g(x) = +\infty.$

• *Dérivée*

Pour tout x de $]0\,;1\,[\, \cup\,]1\,;+\infty[$, on a :

$$g'(x) = \frac{(\ln x)\,1 - x \times \dfrac{1}{x}}{(\ln x)^2} = \frac{\ln x - 1}{(\ln x)^2};$$

$$\begin{aligned} g'(x) > 0 &\Leftrightarrow \ln x > 1 \\ &\Leftrightarrow \ln x > \ln e \\ &\Leftrightarrow x > e \text{ (car ln est strictement croissante)}; \end{aligned}$$

$$\begin{aligned} g'(x) = 0 &\Leftrightarrow \ln x = \ln e \\ &\Leftrightarrow x = e \text{ (car ln est bijective)}. \end{aligned}$$

D'autre part : $$g(e) = \frac{e}{\ln e} = \frac{e}{1} = e.$$

• *Tableau de variation*

x	0		1		e		$+\infty$
$g'(x)$	0	$-$	‖	$-$	0	$+$	
$g(x)$	0	↘	$-\infty$ ‖ $+\infty$	↘	e	↗	$+\infty$

g est strictement décroissante sur $[0 ; 1[$ et sur $]1 ; e]$, et strictement croissante sur $[e ; +\infty[$.

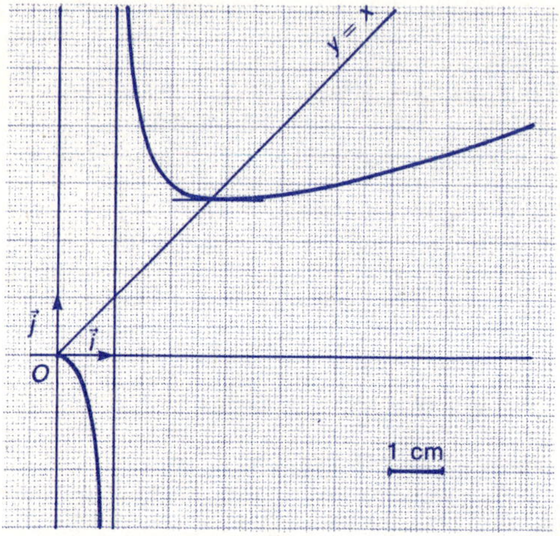

4) Soit x un réel de $]e ; +\infty[$.

On a : $\ln x > \ln e$ (car ln est strictement croissante),
donc : $\ln x > 1$,
d'où : $\dfrac{x}{\ln x} < x$ car $x > 0$,

c'est-à-dire : $g(x) < x$.

Il vient :

$$\text{pour tout } x \text{ de }]e ; +\infty[, \quad g(x) < x.$$

Donc **la courbe de la restriction de g à $]e ; +\infty[$ est strictement au-dessous de la droite d'équation $y = x$.**

2.5 $f(x) = 2 - x + 2 \ln (x + 1)$.

1) • f est définie en x si et seulement si $x + 1 > 0$, soit $x > -1$.
Donc l'ensemble de définition de f est $]-1 ; +\infty[$.
f est continue et dérivable sur cet intervalle.

• *Etude en* -1

$$\lim_{x \to -1} (2 - x) = 3\,,$$

$$\lim_{x \to -1} (x + 1) = 0\,, \quad \text{or} \lim_{X \to 0} \ln X = -\infty\,,$$

donc
$$\lim_{x \to -1} \ln (x + 1) = -\infty\,.$$

Donc
$$\lim_{x \to -1} f(x) = -\infty\,.$$

Donc la droite d'équation $x = -1$ est asymptote à la courbe de f.

• *Etude en* $+\infty$

$$\lim_{x \to +\infty} (2 - x) = -\infty\,,$$

$$\lim_{x \to +\infty} (x + 1) = +\infty\,, \quad \text{or} \quad \lim_{X \to +\infty} \ln X = +\infty\,,$$

donc
$$\lim_{x \to +\infty} \ln (x + 1) = +\infty\,.$$

(On obtient la forme $-\infty + \infty$.)

Méthode : on met $x + 1$ *en facteur pour faire apparaître* $\dfrac{\ln (x + 1)}{x + 1}$.

Pour tout x de $]-1\,;+\infty[$:

$$f(x) = (x + 1)\left[\frac{2 - x}{x + 1} + 2\,\frac{\ln (x + 1)}{x + 1}\right].$$

$\displaystyle\lim_{x \to +\infty} \frac{2 - x}{x + 1} = \lim_{x \to +\infty} \frac{-x}{x} = -1$ (limite d'une fonction rationnelle).

$\displaystyle\lim_{x \to +\infty} (x + 1) = +\infty$, or on sait que $\displaystyle\lim_{X \to +\infty} \frac{\ln X}{X} = 0$,

donc
$$\lim_{x \to +\infty} \frac{\ln (x + 1)}{x + 1} = 0.$$

Donc
$$\lim_{x \to +\infty} \left[\frac{2 - x}{x + 1} + 2\,\frac{\ln (x + 1)}{x + 1}\right] = -1\,.$$

Donc
$$\lim_{x \to +\infty} f(x) = -\infty\,.$$

• *Dérivée*

Pour tout x de $]-1\,;+\infty[$:

$$f'(x) = -1 + 2 \times \frac{1}{x+1} \quad \left(\text{car } (\ln \circ u)' = \frac{u'}{u}\right),$$

donc :
$$f'(x) = \frac{-(x+1)+2}{x+1} = \frac{-x+1}{x+1}\,;$$

or : $x+1 > 0$, donc $f'(x)$ est du signe de $-x+1$.

$$f(1) = 1 + 2\ln 2 = 1 + \ln 2^2 = 1 + \ln 4 \approx 2{,}39\,.$$

• *Tableau de variation*

x	-1		1		$+\infty$
$f'(x)$		$+$	0	$-$	
$f(x)$	$-\infty$	↗	$1+\ln 4$	↘	$-\infty$

f est strictement croissante sur $]-1\,;1]$,
et strictement décroissante sur $[1\,;+\infty[$.

• *Point particulier*

$$f(0) = 2 + 2\ln 1 = 2 + 2 \times 0 = 2\,.$$

$$f'(0) = 1\,.$$

2) f est continue et strictement monotone sur chacun des intervalles $]-1\,;1]$ et $[1\,;+\infty[$.

Donc f définit une bijection de $]-1\,;1]$ sur $]-\infty\,;1+\ln 4]$, et une bijection de $[1\,;+\infty[$ sur $]-\infty\,;1+\ln 4]$.

Or $0 \in\,]-\infty\,;1+\ln 4]$.

Donc 0 a un seul antécédent par f dans $]-1\,;1]$, et un seul antécédent par f dans $[1\,;+\infty[$.

Donc **il existe exactement 2 réels x tels que $f(x) = 0$.**

On détermine un encadrement de ces réels α et β à l'aide d'essais successifs.

x	$-0,5$	$-0,7$	$-0,8$	$-0,74$	$-0,75$
$f(x)$ (Premiers chiffres)	1,11	0,29	$-0,41$	0,04	$-0,02$

x	5	6	5,8	5,9	5,85	5,84
$f(x)$ (Premiers chiffres)	0,58	$-0,10$	0,03	$-0,03$	$-0,001$	0,005

Donc $\mathbf{-0,75 < \alpha < -0,74}$ **et** $\mathbf{5,84 < \beta < 5,85}$.

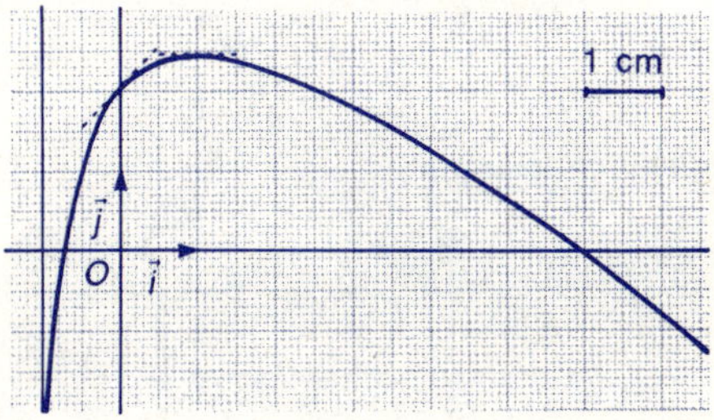

2.6 1) $f(x) = \dfrac{x-1}{x+1}$.

- *Ensemble de définition*

f est définie en x si et seulement si $x + 1 \neq 0$, soit $x \neq -1$.
Donc l'ensemble de définition de f est $\mathbb{R} \setminus \{-1\}$.

- *Continuité, dérivabilité*

f est continue et dérivable sur $\mathbb{R} \setminus \{-1\}$ comme fonction rationnelle.

- *Etude en $-\infty$ et en $+\infty$*

En $-\infty$ et en $+\infty$, la limite d'une fonction rationnelle est la même que celle du quotient des termes de plus haut degré du numérateur et du dénominateur.

$$\lim_{x \to -\infty} f(x) = \lim_{x \to -\infty} \frac{x}{x} = 1 .$$

$$\lim_{x \to +\infty} f(x) = \lim_{x \to +\infty} \frac{x}{x} = 1 .$$

Donc la droite d'équation $y = 1$ est asymptote à la courbe de f.

• *Etude en* -1

$$\lim_{x \to -1} (x-1) = -2,$$

$$\lim_{x \to -1} (x+1) = 0 \quad \text{et} \quad \begin{cases} x < -1 \Rightarrow x+1 < 0 \\ x > -1 \Rightarrow x+1 > 0, \end{cases}$$

donc $$\lim_{\substack{x \to -1 \\ x < -1}} f(x) = +\infty \quad \text{et} \quad \lim_{\substack{x \to -1 \\ x > -1}} f(x) = -\infty.$$

Donc la droite d'équation $x = -1$ est asymptote à la courbe de f.

• *Dérivée*

Pour tout x de $\mathbb{R} \setminus \{-1\}$, on a :

$$f'(x) = \frac{(x+1) \times 1 - (x-1) \times 1}{(x+1)^2} = \frac{2}{(x+1)^2},$$

donc : $$f'(x) > 0.$$

• *Tableau de variation*

x	$-\infty$		-1		$+\infty$
$f'(x)$		$+$	||	$+$	
$f(x)$	1	$\nearrow$	$+\infty$ || $-\infty$	$\nearrow$	1

f est strictement croissante sur $]-\infty\,;-1[$ et sur $]-1\,;+\infty[$.

• Les points d'intersection de la courbe de f avec les axes ont pour coordonnées $(1\,;0)$ et $(0\,;-1)$.

2) Pour tout x de $\mathbb{R} \setminus \{-1\}$:

$$g(x) = \left| \frac{x-1}{x+1} \right| = |f(x)|.$$

Rappel

Si $X \geqslant 0$ alors $|X| = X$,

Si $X \leqslant 0$ alors $|X| = -X$.

— Si $f(x) \geqslant 0$ alors $g(x) = f(x)$.

Donc, si le point de coordonnées $(x\,;f(x))$ est au-dessus de $(O\,;\vec{i})$, alors les points de coordonnées $(x\,;f(x))$ et $(x\,;g(x))$ sont confondus.

— Si $f(x) \leqslant 0$ alors $g(x) = -f(x)$.

Donc, si le point de coordonnées $(x\,;f(x))$ est au-dessous de $(O\,;\vec{i})$, alors les points de coordonnées $(x\,;f(x))$ et $(x\,;g(x))$ sont symétriques par rapport à $(O\,;\vec{i})$.

Finalement, la courbe de g est la réunion :
— des parties de la courbe de f situées au-dessus de $(O\,;\,\vec{i})$,
— et des symétriques, par rapport à $(O\,;\,\vec{i})$, des parties de la courbe de f situées au-dessous de $(O\,;\,\vec{i})$.

On a là une méthode générale pour déduire la courbe de $|f|$ *de celle de* f.

3) $$h(x) = \ln\left|\frac{x-1}{x+1}\right| = \ln\,[g(x)]\,.$$

De la courbe de g, on déduit le tableau de variation de g, puis celui de h.

x	$-\infty$		-1			1			$+\infty$
$g(x)$	1	↗	$+\infty$	$+\infty$	↘	0		↗	1
$h(x)$	0	↗	$+\infty$	$+\infty$	↘	$-\infty$	$-\infty$	↗	0

Explications du tableau
Sur $]-\infty\,;\,-1[$ et sur $]1\,;\,+\infty[$, h est strictement croissante comme composée des fonctions strictement croissantes g et ln.

Sur $]-1\,;\,1[$, h est strictement décroissante comme composée de la fonction g, strictement décroissante, et de la fonction ln, strictement croissante.

$$\lim_{x\to-\infty} g(x) = 1, \quad \text{or } \lim_{X\to 1} \ln X = \ln 1 = 0, \quad \text{donc } \lim_{x\to-\infty} h(x) = 0\,.$$

De même, $\lim\limits_{x\to+\infty} h(x) = 0$.

$$\lim_{x\to-1} g(x) = +\infty, \quad \text{or } \lim_{X\to+\infty} \ln X = +\infty, \quad \text{donc } \lim_{x\to-1} h(x) = +\infty\,.$$

$$\lim_{x\to 1} g(x) = 0, \quad \text{or } \lim_{X\to 0} \ln X = -\infty, \quad \text{donc } \lim_{x\to 1} h(x) = -\infty\,.$$

• *Intersection avec les axes*

$$h(0) = \ln 1 = 0\,.$$

4) $h(x) = \ln \left| \dfrac{x-1}{x+1} \right|$.

• *Ensemble de définition*

h est définie en x si et seulement si :

$$x+1 \neq 0 \quad \text{et} \quad \left| \frac{x-1}{x+1} \right| > 0,$$

soit $$x \neq -1 \quad \text{et} \quad \frac{x-1}{x+1} \neq 0,$$

soit $$x \neq -1 \quad \text{et} \quad x \neq 1.$$

Soit $\mathcal{D}$ l'ensemble de définition de h.

$$\mathcal{D} = \mathbb{R} \setminus \{-1 ; 1\}.$$

• *Continuité, dérivabilité*

h est continue et dérivable sur $\mathcal{D}$ car elle est de la forme $\ln \circ |u|$ avec u fonction dérivable.

• *Parité*

D'après l'étude faite au 3), *h pourrait être impaire.*

Pour tout x de $\mathcal{D}$, $-x$ appartient à $\mathcal{D}$ et on a :

$$h(-x) = \ln \left| \frac{-x-1}{-x+1} \right| = \ln \left| \frac{x+1}{x-1} \right| = -\ln \frac{1}{\left| \dfrac{x+1}{x-1} \right|}$$

$$h(-x) = -\ln \left| \frac{x-1}{x+1} \right| = -h(x).$$

Donc h est impaire.
Donc sa courbe est symétrique par rapport à O.
Donc il suffit d'étudier h sur $[0 ; +\infty[$.

• *Etude en* 1

$$\lim_{x \to 1} \left| \frac{x-1}{x+1} \right| = 0, \quad \text{or} \lim_{X \to 0} \ln X = -\infty, \quad \text{donc} \lim_{x \to 1} h(x) = -\infty.$$

• *Etude en* $+\infty$

$$\lim_{x \to +\infty} \frac{x-1}{x+1} = \lim_{x \to 1} \frac{x}{x} = 1, \quad \text{donc} \lim_{x \to +\infty} \left| \frac{x-1}{x+1} \right| = 1,$$

$$\text{or} \lim_{X \to 1} \ln X = \ln 1 = 0, \quad \text{donc} \lim_{x \to +\infty} h(x) = 0.$$

• *Dérivée*

Attention, pour les fonctions de la forme ln ∘ |*u*|, *il n'est pas nécessaire d'enlever la valeur absolue pour dériver.*

Pour tout x de $\mathcal{D}$,

$$h'(x) = \frac{\dfrac{(x+1)1-(x-1)1}{(x+1)^2}}{\dfrac{x-1}{x+1}} \quad \text{car } (\ln \circ |u|)' = \frac{u'}{u}$$

$$= \frac{2}{(x-1)(x+1)}.$$

Donc $h'(x)$ est du signe de $(x-1)(x+1)$, qui est positif (du signe du coefficient de x^2) à l'extérieur de l'intervalle des racines -1 et 1, et négatif entre les racines.

• *Autre façon*

Pour tout x de $\mathcal{D}$:

$$h(x) = \ln \left| \frac{x-1}{x+1} \right| = \ln \frac{|x-1|}{|x+1|}$$

donc : $$h(x) = \ln |x-1| - \ln |x+1|$$
$$(\text{car } |x-1| > 0 \quad \text{et} \quad |x+1| > 0)\,;$$

$$h'(x) = \frac{1}{x-1} - \frac{1}{x+1} \left(\text{car } (\ln \circ |u|)' = \frac{u'}{u} \right),$$

donc : $$h'(x) = \frac{x+1-(x-1)}{(x-1)(x+1)} = \frac{2}{(x-1)(x+1)}.$$

• *Tableau de variation*

x	0		1		$+\infty$
$h'(x)$	-2 $-$		‖	$+$	
$h(x)$	0 ↘	$-\infty$	‖	$-\infty$ ↗	0

h est strictement décroissante sur $[0\,;1[$,
et strictement croissante sur $]1\,;+\infty[$.

5) $h_1(x) = \ln \dfrac{x-1}{x+1}$.

h_1 est définie en x si et seulement si :

$$x+1 \neq 0 \quad \text{et} \quad \frac{x-1}{x+1} > 0,$$

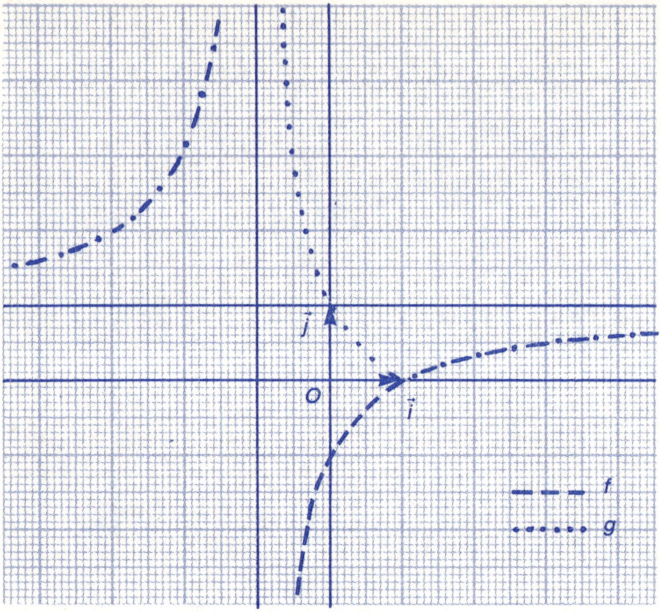

O
$\vec{i}$
$\vec{j}$
f
g

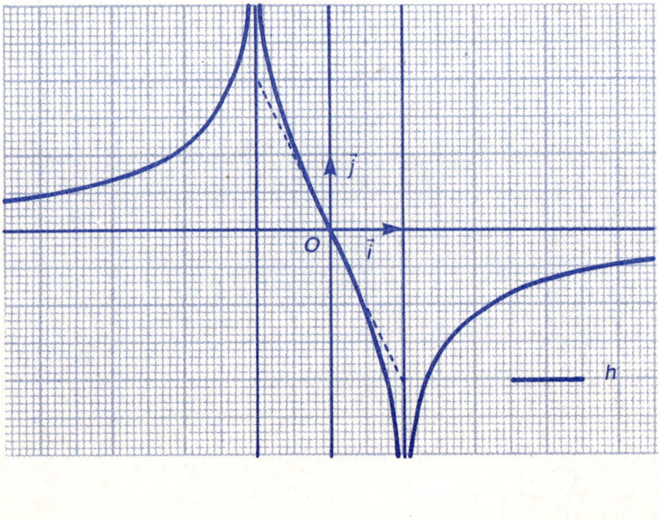

O
$\vec{i}$
$\vec{j}$
h

soit $(x-1)(x+1)>0$, car $\frac{x-1}{x+1}$ et $(x-1)(x+1)$ sont de même signe,
soit $x<-1$ ou $x>1$.
Donc l'ensemble de définition de h_1 est $]-\infty\,;-1[\,\cup\,]1\,;+\infty[$.
Pour tout x de $]-\infty\,;-1[\,\cup\,]1\,;+\infty[$:

$$h_1(x)=\ln\frac{x-1}{x+1}=\ln\left|\frac{x-1}{x+1}\right| \quad \text{car } \frac{x-1}{x+1}>0,$$

donc :
$$h_1(x)=h(x).$$

Donc **h_1 est la restriction de h à $]-\infty\,;-1[\,\cup\,]1\,;+\infty[$.**

6) $h_2(x)=\ln(x-1)-\ln(x+1)$.
h_2 est définie en x si et seulement si :

$$x-1>0 \quad \text{et} \quad x+1>0,$$

soit
$$x>1 \quad \text{et} \quad x>-1,$$

soit
$$x>1$$

Donc l'ensemble de définition de h_2 est $]1\,;+\infty[$.
Pour tout x de $]1\,;+\infty[$:

$$h_2(x)=\ln(x-1)-\ln(x+1)=\ln\frac{x-1}{x+1};$$

donc :
$$h_2(x)=\ln\left|\frac{x-1}{x+1}\right| \quad \text{car } \frac{x-1}{x+1}>0,$$

d'où :
$$h_2(x)=h(x).$$

Donc **h_2 est la restriction de h à $]1\,;+\infty[$.**
Bien remarquer que h_1 et h_2 n'ont pas le même ensemble de définition.
$\ln\frac{x-1}{x+1}$ *n'est égal à* $\ln(x-1)-\ln(x+1)$ *que si* $x-1>0$ *et* $x+1>0$.
Si $a>0$ *et* $b>0$, $\ln\frac{a}{b}=\ln a-\ln b$.
Si $a<0$ *et* $b<0$, $\ln\frac{a}{b}=\ln\frac{-a}{-b}=\ln(-a)-\ln(-b)$.

3. Fonction exponentielle

La fonction logarithme népérien, ln, est une bijection de $\mathbb{R}_+^*$ sur $\mathbb{R}$, donc elle a une fonction réciproque.

■ Définition

La fonction exponentielle, notée exp, est la fonction réciproque de ln. Pour tout réel x, exp x est noté e^x.

■ Conséquences

$$\mathbb{R} \longrightarrow \mathbb{R}_+^*$$
$$x \xmapsto{\exp} e^x$$
$$\ln y \xleftarrow{\ln} y$$

L'ensemble de définition de exp est $\mathbb{R}$.
exp est une application de $\mathbb{R}$ dans $\mathbb{R}_+^*$, donc :

pour tout réel x, $\quad e^x > 0$;

pour tout x de $\mathbb{R}$ et tout y de $\mathbb{R}_+^*$, $\quad e^x = y \Leftrightarrow x = \ln y$;

pour tout réel x, $\quad \ln e^x = x \quad$ [car $\ln \circ \exp\ (x) = x$] ;
pour tout réel x de $\mathbb{R}_+^*$, $\quad e^{\ln x} = x \quad$ [car $\exp \circ \ln\ (x) = x$] .

■ Propriétés

exp est dérivable sur $\mathbb{R}$, et est sa propre dérivée :

pour tout réel x, $\quad \exp'(x) = e^x$.

Donc, pour toute fonction u dérivable,

$$(e^u)' = u' e^u .$$

■ Tableau de variation

x	$-\infty$		$+\infty$
$\exp'(x)$		$+$	
e^x	0	$\nearrow$	$+\infty$

Comme exp est la fonction réciproque de ln, le graphe de exp dans un repère orthonormal est symétrique de celui de ln par rapport à la droite d'équation $y = x$.

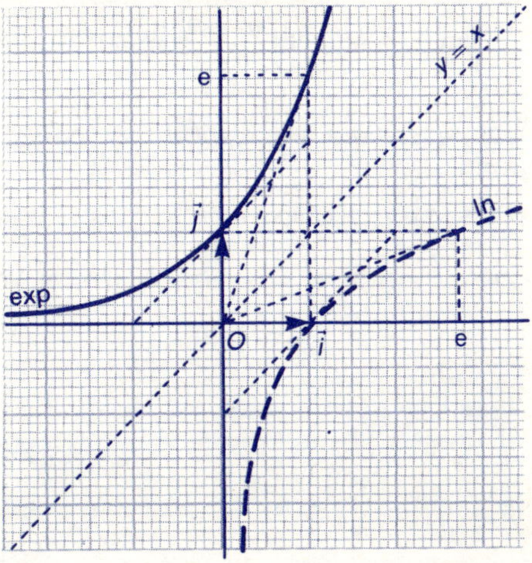

■ Propriétés

exp est strictement croissante, donc :

$$\text{pour tous réels } x \text{ et } y, \quad x < y \Leftrightarrow e^x < e^y .$$

exp est une bijection de $\mathbb{R}$ sur $\mathbb{R}_+^*$, donc :

$$\text{pour tous réels } x \text{ et } y, \quad x = y \Leftrightarrow e^x < e^y .$$

■ *Limites*

- $\lim\limits_{x \to +\infty} \dfrac{e^x}{x} = +\infty , \quad \lim\limits_{x \to -\infty} x e^x = 0 ;$

plus généralement, pour tout α de $\mathbb{R}_+^*$:

$$\lim_{x \to +\infty} \frac{e^x}{x^\alpha} = +\infty , \qquad \lim_{x \to -\infty} x^\alpha e^x = 0 .$$

On peut retenir ces propriétés en remarquant que :

« si $\alpha > 0$ alors e^x l'emporte sur x^α ».

Mais cette remarque n'est qu'un moyen de retenir ces propriétés, et on ne doit pas l'appliquer dans d'autres cas non démontrés.

- $$\lim_{h \to 0} \frac{e^h - 1}{h} = \lim_{h \to 0} \frac{e^h - e^0}{h - 0} = \exp'(0) = e^0 = 1 .$$

(*Ne pas apprendre ce résultat par cœur, mais savoir le retrouver.*)

- Il existe une application ε de $\mathbb{R}$ dans $\mathbb{R}$ telle que :

pour tout réel h, $e^h = 1 + h + h\varepsilon(h)$, et $\lim_{h \to 0} \varepsilon(h) = 0$.

ÉNONCÉS

Le plan est muni d'un repère orthonormal $(O\,;\vec{i},\vec{j})$.

3.1 Déterminer la limite éventuelle de la fonction f proposée en a.

1) $x \mapsto \sqrt{e^x - 1}$, $a = 0$.

2) $x \mapsto \dfrac{e^x + 3}{e^{2x} + 4}$, $a = +\infty$.

3) $x \mapsto e^x \sin x$, $a = -\infty$.

3.2 Déterminer la fonction dérivée de la fonction f proposée.

1) $x \mapsto (e^x)^2 + \dfrac{1}{e^x}$.

2) $x \mapsto x^3 e^{-x}$.

3) $x \mapsto \exp\left(\dfrac{7}{x^2+1}\right)$.

3.3 *Position d'une courbe par rapport à une tangente. Equation $f(x) = \lambda$.*

1) Déterminer une équation de la tangente à la courbe de la fonction exp au point d'abscisse 1.
Que remarque-t-on ?
Tracer la courbe et cette tangente dans un plan muni d'un repère orthonormal $(O\,;\vec{i},\vec{j})$ (unité 1 cm).

2) Par le calcul, déterminer la position de la courbe par rapport à cette tangente, et démontrer ainsi que :

pour tout réel x, $\quad e^x \geqslant ex$.

3) Déterminer graphiquement, selon le réel λ, le nombre des réels x tels que :

$$e^x = \lambda x.$$

3.4 *Equation $f(x) = \lambda$*

Soit f la fonction de $\mathbb{R}$ dans $\mathbb{R}$ telle que : $f(x) = \dfrac{e^x}{x}$.

1) Etudier f, et tracer sa courbe dans un plan muni d'un repère orthonormal $(O\,;\vec{i},\vec{j})$ (unité 1 cm).

2) Déterminer graphiquement, selon le réel λ, le nombre des réels x tels que :

$$e^x = \lambda x\,.$$

3.5 *Prolongement par continuité en 0. Dérivabilité en 0*

Soit f la fonction de $\mathbb{R}$ dans $\mathbb{R}$ telle que :

$$f(x) = e^{-\frac{1}{x^2}}\,.$$

1) Etudier la parité de f.
Du tableau de variation de la fonction $x \mapsto x^2$, déduire successivement les tableaux de variation des fonctions :

$$x \mapsto \frac{1}{x^2}, \quad x \mapsto -\frac{1}{x^2} \quad \text{et} \quad f\,.$$

2) Retrouver le sens de variation de f en calculant sa dérivée.

3) Démontrer qu'on peut prolonger f par continuité en 0 en posant :

$$f(0) = 0\,.$$

Etudier la dérivabilité en 0 de f ainsi prolongée.
Tracer les courbes des fonctions :

$$x \mapsto x^2, \quad x \mapsto \frac{1}{x^2}, \quad x \mapsto -\frac{1}{x^2},$$

dans un plan muni d'un repère orthonormal $(O\,;\vec{i},\vec{j})$ (unité 1 cm).
Tracer la courbe de f sur une autre figure (unité 1 cm).

3.6 *Axe de symétrie*

Soient φ_1, φ_2, f les fonctions de $\mathbb{R}$ dans $\mathbb{R}$ telles que :

$$\varphi_1(x) = 2\,e^x\,, \quad \varphi_2(x) = e^{-x}\,,$$
$$f(x) = 2\,e^x + e^{-x}\,.$$

1) De la courbe de exp dans un plan muni d'un repère orthonormal $(O\,;\vec{i},\vec{j})$ (unité 1 cm), déduire les courbes de φ_1 et φ_2 dans le même repère.

2) Déterminer le tableau de variation de f.
Préciser la position de la courbe de f par rapport aux courbes de φ_1 et φ_2.

3) Démontrer que la droite d'équation $x = -\dfrac{\ln 2}{2}$ est axe de symétrie de la courbe de *f*.
Tracer la courbe de *f* dans le même repère orthonormal $(O\,;\vec{i},\vec{j})$.

4) Démontrer que les courbes de φ_1 et φ_2 sont symétriques l'une de l'autre par rapport à la droite d'équation $x = -\dfrac{\ln 2}{2}$.

3.7 *Asymptote oblique*

Soit *f* la fonction de $\mathbb{R}$ dans $\mathbb{R}$ telle que :

$$f(x) = x + \ln\,(2 - e^x)\,.$$

1) Déterminer le tableau de variation de *f*.

2) Démontrer que, pour tout *x* de l'ensemble de définition de *f*,

$$f(x) = x + \ln 2 + \ln\left(1 - \frac{e^x}{2}\right).$$

En déduire que la courbe de *f* admet une droite asymptote en $-\infty$.
Préciser la position de la courbe par rapport à son asymptote.
Tracer la courbe de *f* dans un plan muni d'un repère orthonormal $(O\,;\vec{i},\vec{j})$ (unité 1 cm).

SOLUTIONS

3.1 1) $f : x \mapsto \sqrt{e^x - 1}$, $a = 0$.

$\mathcal{D}_f$ est l'ensemble des réels x tels que $e^x - 1 \geqslant 0$,

donc : $$\mathcal{D}_f = [0 ; +\infty[.$$

f est la composée de $x \mapsto e^x - 1$ par $X \mapsto \sqrt{X}$, et on a :

$$\lim_{x \to 0} (e^x - 1) = 0, \quad \lim_{X \to 0} \sqrt{X} = 0,$$

donc : $$\mathbf{\lim_{0} f = 0}.$$

2) $f : x \mapsto \dfrac{e^x + 3}{e^{2x} + 4}$, $a = +\infty$.

Pour tout réel x, on a $e^{2x} > 0$, donc f est définie sur $\mathbb{R}$.

On a : $$\lim_{x \to +\infty} e^x = +\infty, \quad \lim_{x \to +\infty} e^{2x} = +\infty,$$

donc f se présente comme le quotient de deux fonctions ayant pour limite $+\infty$ en $+\infty$.

Les théorèmes généraux ne permettent pas de conclure directement.

Transformons l'écriture de $f(x)$.

Au voisinage de $+\infty$, $e^x + 3$ est « proche » de e^x et $e^{2x} + 4$ est « proche » de e^{2x}.

Pour tout réel x : $$f(x) = \frac{e^x\left(1 + \dfrac{3}{e^x}\right)}{e^{2x}\left(1 + \dfrac{4}{e^{2x}}\right)} = \frac{1}{e^x} \times \frac{\left(1 + \dfrac{3}{e^x}\right)}{\left(1 + \dfrac{4}{e^{2x}}\right)}.$$

or : $$\lim_{x \to +\infty} \frac{1}{e^x} = 0, \quad \lim_{x \to +\infty} \frac{1}{e^{2x}} = 0$$

donc : $$\mathbf{\lim_{+\infty} f = 0}.$$

3) $f : x \mapsto e^x \sin x$, $a = -\infty$.

f est définie sur $\mathbb{R}$.

La fonction $x \mapsto e^x$ a pour limite 0 en $-\infty$, et la fonction $x \mapsto \sin x$ est bornée sur $\mathbb{R}$ (elle n'a pas de limite en $-\infty$).

Pour tout réel x : $-1 \leqslant \sin x \leqslant 1$,

or : $e^x > 0$,

donc : $-e^x \leqslant e^x \sin x \leqslant e^x$,

soit : $|f(x)| \leqslant e^x$.

Comme, de plus, on a : $\lim\limits_{x \to -\infty} e^x = 0$,

on peut conclure : $\mathbf{\lim\limits_{-\infty} f = 0}$.

3.2 1) $f : x \mapsto (e^x)^2 + \dfrac{1}{e^x}$

***f* est** définie et **dérivable sur $\mathbb{R}$,** et pour tout réel x :

$$f(x) = e^{2x} + e^{-x} ,$$

donc : $\mathbf{f'(x) = 2\,e^{2x} - e^{-x}}$.

2) $f : x \mapsto x^3 e^{-x}$.
***f* est** définie et **dérivable sur $\mathbb{R}$,** et pour tout réel x :

$$f'(x) = 3\,x^2 e^{-x} + x^3(-e^{-x})$$
$$\mathbf{f'(x) = x^2(3 - x)\,e^{-x}}$$

3) $f : x \mapsto \exp\left(\dfrac{7}{x^2+1}\right)$.
f est définie sur $\mathbb{R}$.
Pour tout réel x, $f(x) = e^{u(x)}$,
où la fonction $u : x \mapsto \dfrac{7}{x^2+1}$ est dérivable sur $\mathbb{R}$.
Donc ***f* est dérivable sur $\mathbb{R}$** et, pour tout réel x :

$$f'(x) = \frac{7 \times (-2\,x)}{(x^2+1)^2} \times \exp\left(\frac{7}{x^2+1}\right) ,$$

donc : $\mathbf{f'(x) = \dfrac{-14\,x}{(x^2+1)^2} \times \exp\left(\dfrac{7}{x^2+1}\right)}$.

3.3 1) Le coefficient directeur de la tangente au point d'abscisse 1 est $\exp'(1)$.

$$\exp'(1) = \exp 1 = e^1 = e .$$

Donc **une équation de la tangente au point d'abscisse 1 est :**

$$y - \exp 1 = e(x-1)\,;$$

soit $$y - e = e(x-1)\,;$$

soit $$\boldsymbol{y = ex}.$$

Donc **cette tangente passe par l'origine.**

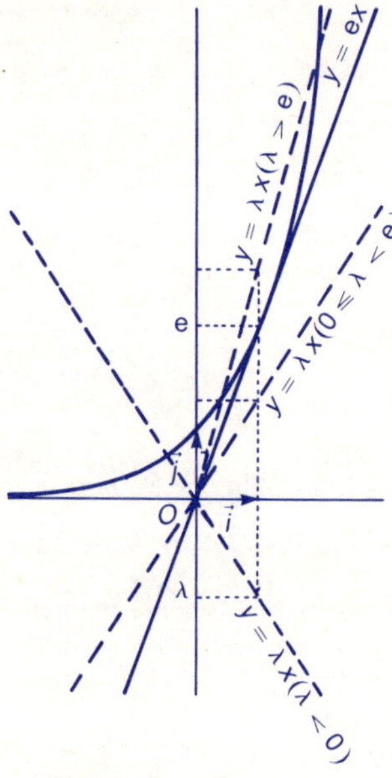

2) D'après la figure, la courbe semble être au-dessus de sa tangente.

Le point d'abscisse x de la courbe est strictement au-dessus de la tangente si et seulement si :

$$e^x > ex\,,$$

soit $$e^x - ex > 0\,,$$

soit $$\varphi(x) > 0\,,$$

φ étant la fonction de $\mathbb{R}$ dans $\mathbb{R}$ telle que :

$$\varphi(x) = e^x - ex\,.$$

Pour connaître le signe de φ, étudions les variations de φ.
φ est dérivable sur $\mathbb{R}$ comme différence de fonctions dérivables.

Pour tout réel x :

$$\varphi'(x) = e^x - e\ ;$$

$$\begin{aligned}\varphi'(x) > 0 &\Leftrightarrow e^x - e > 0\\ &\Leftrightarrow e^x > e^1\\ &\Leftrightarrow x > 1 \text{ (car exp est strictement croissante) ;}\end{aligned}$$

$$\begin{aligned}\varphi'(x) = 0 &\Leftrightarrow e^x = e^1\\ &\Leftrightarrow x = 1 \text{ (car exp est bijective).}\end{aligned}$$

D'où le tableau de variation.

x	$-\infty$		1		$+\infty$
$\varphi'(x)$		$-$	0	$+$	
$\varphi(x)$		↘	0	↗	

$$\varphi(1) = e^1 - e \times 1 = e - e = 0\,.$$

Finalement : pour tout réel x, $\varphi(x) \geqslant 0$,

soit : pour tout réel x, $\mathbf{e^x \geqslant ex}$.

Donc **la courbe est au-dessus de sa tangente au point d'abscisse 1.**

On a utilisé là une méthode générale pour démontrer certaines inégalités :

faire tout passer dans le même membre,
et étudier les variations de la fonction ainsi obtenue.
Dans cette méthode, il n'est pas toujours utile de remplir tout le tableau de variation :
ici, on n'a pas eu besoin des limites en $-\infty$ et en $+\infty$;
en revanche, il était nécessaire de calculer $\varphi(1)$.

• *Autre façon pour l'étude de $e^x > ex$.*

— Si $x \leqslant 0$ alors $ex \leqslant 0 < e^x$ car $e^x > 0$,
donc $e^x > ex$.
Pour tout réel x strictement positif :

$$\begin{aligned}e^x > ex &\Leftrightarrow \ln e^x > \ln ex\\ &\quad\text{(car ln est strictement croissante)}\\ &\Leftrightarrow x > \ln ex\\ &\Leftrightarrow x - \ln ex > 0\\ &\Leftrightarrow \psi(x) > 0\,,\end{aligned}$$

ψ étant la fonction de $\mathbb{R}_+^*$ dans $\mathbb{R}$ telle que :

$$\psi(x) = x - \ln ex\,.$$

Etudions les variations de ψ.
Pour tout x de $\mathbb{R}_+^*$, on a :

$$\psi'(x) = 1 - \frac{e}{ex} \quad (\text{car } (\ln \circ u)' = \frac{u'}{u}),$$

donc :
$$\psi'(x) = 1 - \frac{1}{x} = \frac{x-1}{x}.$$

Or $x > 0$, donc $\psi'(x)$ est du signe de $x - 1$.
D'où le tableau de variation.

x	0		1		$+\infty$
$\psi'(x)$	‖	$-$	0	$+$	
$\psi(x)$	‖	↘	0	↗	

$$\psi(1) = 1 - \ln e = 1 - 1 = 0.$$

On en déduit : pour tout x de $\mathbb{R}_+^*$, $\psi(x) \geqslant 0$.

Finalement : **pour tout réel x,** $\mathbf{e^x \geqslant ex}$.

3) Les réels x tels que $e^x = \lambda x$ sont les abscisses des points d'intersection de la courbe de exp et de la droite d'équation $y = \lambda x$.

Traçons la droite d'équation $y = \lambda x$.
$x = 0 \Rightarrow y = 0$, donc la droite passe par O.
$x = 1 \Rightarrow y = \lambda$.

— Si $\lambda < 0$, il y a une seule solution (elle est strictement négative).
— Si $0 \leqslant \lambda < e$, il n'y a pas de solution.
— Si $\lambda = e$, il y a une seule solution, $x = 1$.
— Si $\lambda > e$, il y a 2 solutions (l'une dans $]0\,;1[$ et l'autre dans $]1\,;+\infty[$).

Les résultats sont résumés dans le tableau suivant.

λ	$-\infty$		0		e		$+\infty$
Nombre de solutions de $e^x = \lambda x$		1	0	0	1	2	

3.4 $f(x) = \dfrac{e^x}{x}$.

1) • *Ensemble de définition*
L'ensemble de définition de f est $\mathbb{R}^*$.

• *Continuité, dérivabilité*

f est continue et dérivable sur $\mathbb{R}^*$ comme quotient de fonctions continues et dérivables.

• *Etude en* $-\infty$

$$\lim_{x \to -\infty} e^x = 0, \quad \text{donc} \quad \lim_{x \to -\infty} f(x) = 0.$$

En effet, « $\frac{0}{\infty} = 0$ », *ce n'est pas une forme indéterminée.*
Donc la droite d'équation $y = 0$ est asymptote à la courbe de f.

• *Etude en* 0

$$\lim_{x \to 0} e^x = e^0 = 1,$$

donc $\lim\limits_{\substack{x \to 0 \\ x < 0}} f(x) = -\infty$ et $\lim\limits_{\substack{x \to 0 \\ x > 0}} f(x) = +\infty$.
Donc la droite d'équation $x = 0$ est asymptote à la courbe de f.

• *Etude en* $+\infty$
On sait que $\lim\limits_{x \to +\infty} \frac{e^x}{x} = +\infty$, donc $\lim\limits_{x \to +\infty} f(x) = +\infty$.

• *Dérivée*
Pour tout x de $\mathbb{R}^*$:

$$f'(x) = \frac{x e^x - e^x \times 1}{x^2} = \frac{(x-1) e^x}{x^2},$$

or $\frac{e^x}{x^2} > 0$, donc $f'(x)$ est du signe de $x - 1$.

• *Tableau de variation*

x	$-\infty$		0		1		$+\infty$
$f'(x)$		$-$	‖	$-$	0	$+$	
$f(x)$	0	↘	$-\infty$ ‖ $+\infty$	↘	e	↗	$+\infty$

f est strictement décroissante sur $]-\infty\,; 0[$ et sur $]0\,; 1]$, et strictement croissante sur $[1\,; +\infty[$.

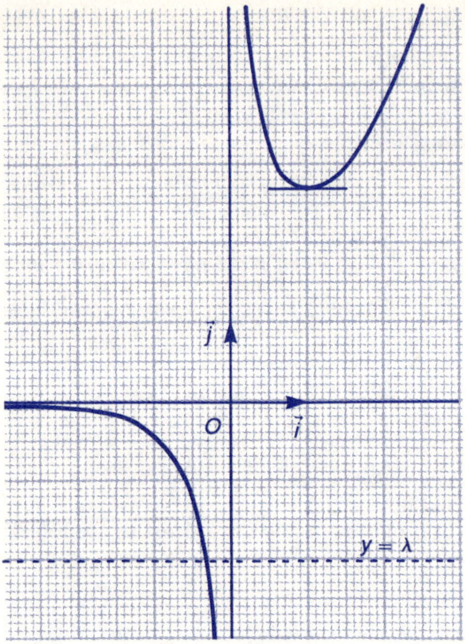

2) Si $x = 0$:

$$e^x \neq \lambda x, \quad \text{car} \quad e^x > 0 \quad \text{et} \quad \lambda x = 0 .$$

Donc 0 ne vérifie pas $e^x = \lambda x$.
Il suffit maintenant de faire l'étude sur $\mathbb{R}^*$.
Pour tout x de $\mathbb{R}^*$:

$$e^x = \lambda x \Leftrightarrow \frac{e^x}{x} = \lambda \quad (\text{car } x \neq 0)$$
$$\Leftrightarrow f(x) = \lambda .$$

Donc les réels x tels que $e^x = \lambda x$ sont les abscisses des points d'intersection de la courbe de f et de la droite d'équation $y = \lambda$.

— Si $\lambda < 0$, il y a une seule solution (elle est strictement négative).
— Si $0 \leqslant \lambda < e$, il n'y a pas de solution.
— Si $\lambda = e$, il y a une seule solution, $x = 1$.
— Si $\lambda > e$, il y a 2 solutions (l'une dans $]0 ; 1[$ et l'autre dans $]1 ; +\infty[$).

Les résultats sont résumés dans le tableau suivant.

λ	$-\infty$		0		e		$+\infty$
Nombre de solutions de $e^x = \lambda x$		1	0	0	1	2	

Voir une autre méthode à l'exercice 3.1.

3.5 $f(x) = e^{-\frac{1}{x^2}}$.

1) L'ensemble de définition de f est $\mathbb{R}^*$.
Pour tout x de $\mathbb{R}^*$:

$$f(-x) = e^{-\frac{1}{(-x)^2}} = e^{-\frac{1}{x^2}} = f(x).$$

Donc **f est paire.**
Donc sa courbe est symétrique par rapport à $(O\,;\vec{j})$.
Donc il suffit d'étudier f sur $[0\,;+\infty[$.

• *Tableau de variation*

x	0		$+\infty$
x^2	0	↗	$+\infty$
$\frac{1}{x^2}$	$+\infty$	↘	0
$-\frac{1}{x^2}$	$-\infty$	↗	0
$f(x)$	0	↗	1

Explications du tableau

— *Sens de variation*

La fonction $x \mapsto \frac{1}{x^2}$ est strictement décroissante sur $]0\,;+\infty[$ comme inverse de la fonction $x \mapsto x^2$, strictement *positive* et strictement croissante.

Donc la fonction $x \mapsto -\frac{1}{x^2}$ est strictement croissante sur $]0\,;+\infty[$.

Donc f est strictement croissante sur $]0\,;+\infty[$ comme composée des fonctions strictement croissantes $x \mapsto -\frac{1}{x^2}$ et exp.

— *Limite en* 0

$$\lim_{x\to 0}\frac{1}{x^2}=+\infty,\ \text{donc}\ \lim_{x\to 0}\left(-\frac{1}{x^2}\right)=-\infty.$$

Or $\lim\limits_{X\to-\infty} e^X=0$, donc $\lim\limits_{x\to 0} f(x)=0$.

— *Limite en* $+\infty$

$$\lim_{x\to+\infty}\frac{1}{x^2}=0\ ,\ \text{donc}\ \lim_{x\to+\infty}\left(-\frac{1}{x^2}\right)=0\ .$$

Or $\lim\limits_{X\to 0} e^X=e^0=1$, donc $\lim\limits_{x\to+\infty} f(x)=1$.

Donc la droite d'équation $y=1$ est asymptote à la courbe de f.

2) f est continue et dérivable sur $\mathbb{R}^*$, et pour tout réel x non nul :

$$f(x)=e^{-\frac{1}{x^2}}=e^{-x^{-2}},$$

donc : $f'(x)=-(-2)\,x^{-3}\,e^{-x^{-2}}$ (car $(e^u)'=u'\,e^u$) ,

d'où : $f'(x)=\dfrac{2}{x^3}\,e^{-\frac{1}{x^2}}$

Pour tout x de $]0\,;+\infty[$ $f'(x)>0$ $\left(\text{car}\ x^3>0\ \text{et}\ e^{-\frac{1}{x^2}}>0\right)$,
donc on retrouve que **f est strictement croissante sur $]0\,;+\infty[$.**

3) $\lim\limits_{x\to 0} f(x)=0$ d'après 1).

Donc **on peut prolonger f par continuité en 0 en posant :**

$$\mathbf{f(0)=0}\ .$$

• *Dérivabilité en* 0

Pour tout x de $\mathbb{R}^*$:

$$\frac{f(x)-f(0)}{x-0}=\frac{e^{-\frac{1}{x^2}}-0}{x-0}\quad\left(\text{on obtient la forme } \frac{0}{0}\right)$$

$$=x\,\frac{\frac{1}{x^2}}{e^{\frac{1}{x^2}}}\ .$$

Or $\lim\limits_{x\to 0}\dfrac{1}{x^2}=+\infty$, et on sait que $\lim\limits_{X\to+\infty}\dfrac{X}{e^X}=0$.

donc $\lim\limits_{x \to 0} \dfrac{\frac{1}{x^2}}{e^{\frac{1}{x^2}}} = 0.$

Donc $\lim\limits_{x \to 0} \dfrac{f(x) - f(0)}{x - 0} = 0 \times 0 = 0.$

Donc **f est dérivable en 0,**

et $$f'(0) = \lim_{x \to 0} \frac{f(x) - f(0)}{x - 0} = 0 .$$

Donc la tangente en O à la courbe de f est $(O\,;\vec{i})$.
Finalement, f est continue et dérivable sur $\mathbb{R}$.

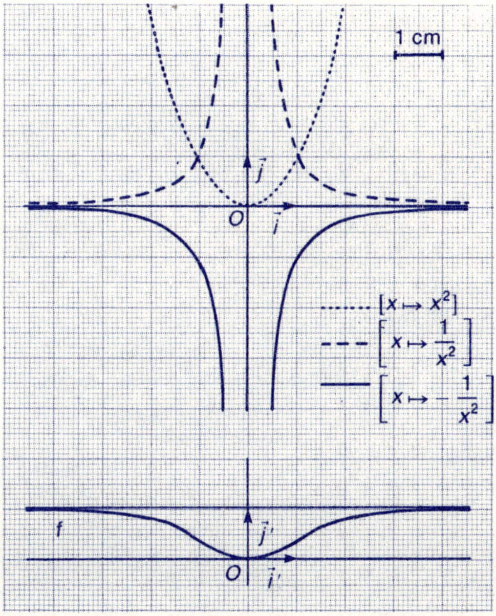

3.6 1) • Pour tout réel x, $\varphi_1(x) = 2\,e^x$.

On obtient la courbe de φ_1 à partir de celle de exp en multipliant les ordonnées par 2.

- Pour tout réel x, $\varphi_2(x) = e^{-x}$;

le point $M(x ; e^{-x})$ est symétrique du point $N(-x ; e^{-x})$ par rapport à $(O ; \vec{j})$.

Or M appartient à la courbe de φ_2, et N appartient à la courbe de exp.

Donc la courbe de φ_2 est symétrique de celle de exp par rapport à $(O ; \vec{j})$.

2) $f(x) = 2\,e^x + e^{-x}$.

- La fonction f est définie, continue et dérivable sur $\mathbb{R}$.

- *Etude en* $-\infty$

$\lim\limits_{x \to -\infty} e^x = 0$,

$\lim\limits_{x \to -\infty} (-x) = +\infty$, or $\lim\limits_{X \to +\infty} e^X = +\infty$, donc $\lim\limits_{x \to -\infty} e^{-x} = +\infty$.

Donc $\lim\limits_{x \to -\infty} f(x) = +\infty$.

- *Etude en* $+\infty$

$\lim\limits_{x \to +\infty} e^x = +\infty$,

$\lim\limits_{x \to +\infty} (-x) = -\infty$, or $\lim\limits_{X \to -\infty} e^X = 0$, donc $\lim\limits_{x \to +\infty} e^{-x} = 0$.

Donc $\lim\limits_{x \to +\infty} f(x) = +\infty$.

- *Dérivée*

Pour tout réel x :

$$f'(x) = 2\,e^x - e^{-x} \text{ (car } (e^u)' = u'\,e^u\text{)} ;$$

$$\begin{aligned} f'(x) > 0 &\Leftrightarrow 2\,e^x - e^{-x} > 0 \\ &\Leftrightarrow 2\,e^x > e^{-x} \\ &\Leftrightarrow \ln(2\,e^x) > \ln e^{-x} \end{aligned}$$

(car ln est strictement croissante et $2\,e^x > 0$, $e^{-x} > 0$)

$$\begin{aligned} &\Leftrightarrow \ln 2 + \ln e^x > \ln e^{-x} \\ &\Leftrightarrow \ln 2 + x > -x \\ &\Leftrightarrow 2x > -\ln 2 \\ &\Leftrightarrow x > -\frac{\ln 2}{2} ; \end{aligned}$$

$$\begin{aligned} f'(x) = 0 &\Leftrightarrow 2\,e^x = e^{-x} \\ &\Leftrightarrow \ln 2\,e^x = \ln e^{-x} \text{ (car ln est bijective)} \\ &\Leftrightarrow x = -\frac{\ln 2}{2}. \end{aligned}$$

$$-\frac{\ln 2}{2} = -\ln\sqrt{2} = \ln\frac{1}{\sqrt{2}} \approx -0{,}35 .$$

$$f\left(-\frac{\ln 2}{2}\right) = 2\,e^{-\frac{\ln 2}{2}} + e^{\frac{\ln 2}{2}} = 2\,e^{\ln\frac{1}{\sqrt{2}}} + e^{\ln\sqrt{2}}$$

$$= 2 \times \frac{1}{\sqrt{2}} + \sqrt{2} \text{ (car pour tout } y \text{ de } \mathbb{R}_+^*,\ e^{\ln y} = y) ,$$

donc : $f\left(-\frac{\ln 2}{2}\right) = \sqrt{2} + \sqrt{2} = 2\sqrt{2} \approx 2{,}83$.

• *Tableau de variation*

x	$-\infty$		$-\frac{\ln 2}{2}$		$+\infty$
$f'(x)$		$-$	0	$+$	
$f(x)$	$+\infty$	↘	$2\sqrt{2}$	↗	$+\infty$

f est strictement décroissante sur $\left]-\infty\,;-\frac{\ln 2}{2}\right]$,
et strictement croissante sur $\left[-\frac{\ln 2}{2}\,;+\infty\right[$.

• *Position par rapport à la courbe de φ_1*

Pour tout réel x :

$$f(x) = 2\,e^x + e^{-x}$$
$$= \varphi_1(x) + e^{-x} .$$

Or $$\lim_{x\to+\infty} e^{-x} = 0 .$$

Donc la courbe de φ_1 est asymptote à la courbe de f en $+\infty$.

Pour tout réel x, $e^{-x} > 0$.

Donc la courbe de f est strictement au-dessus de la courbe de φ_1.

• *Position par rapport à la courbe de φ_2*

Pour tout réel x :

$$f(x) = 2\,e^x + e^{-x}$$
$$= 2\,e^x + \varphi_2(x) .$$

Or $$\lim_{x\to-\infty} 2\,e^x = 0 .$$

Donc la courbe de φ_2 est asymptote à la courbe de f en $-\infty$.

Pour tout réel x, $\quad 2\,e^x > 0$.

Donc, la courbe de f est strictement au-dessus de la courbe de φ_2.

3) Pour tout réel x :

$$f(x) = 2\,e^x + e^{-x},$$

donc :

$$f\left(-\frac{\ln 2}{2} + x\right) = 2\,e^{-\frac{\ln 2}{2} + x} + e^{\frac{\ln 2}{2} - x}$$

$$= 2\,e^{-\frac{\ln 2}{2}}\,e^x + e^{\frac{\ln 2}{2}}\,e^{-x}$$

$$= 2\,e^{\ln \frac{1}{\sqrt{2}}}\,e^x + e^{\ln \sqrt{2}}\,e^{-x}$$

$$= 2 \times \frac{1}{\sqrt{2}}\,e^x + \sqrt{2}\,e^{-x}$$

(car pour tout y de $\mathbb{R}_+^*$, $e^{\ln y} = y$)

$$= \sqrt{2}\,e^x + \sqrt{2}\,e^{-x}\,;$$

$$f\left(-\frac{\ln 2}{2} - x\right) = 2\,e^{-\frac{\ln 2}{2} - x} + e^{\frac{\ln 2}{2} + x}$$

$$= 2\,e^{-\frac{\ln 2}{2}}\,e^{-x} + e^{\frac{\ln 2}{2}}\,e^x$$

$$= 2\,e^{\ln \frac{1}{\sqrt{2}}}\,e^{-x} + e^{\ln \sqrt{2}}\,e^x$$

$$= 2 \times \frac{1}{\sqrt{2}}\,e^{-x} + \sqrt{2}\,e^x$$

$$= \sqrt{2}\,e^{-x} + \sqrt{2}\,e^x.$$

Il vient :

pour tout réel x, $f\left(-\frac{\ln 2}{2} + x\right) = f\left(-\frac{\ln 2}{2} - x\right)$, ce qui prouve que **la droite d'équation $x = -\frac{\ln 2}{2}$ est axe de symétrie de la courbe de *f*.**

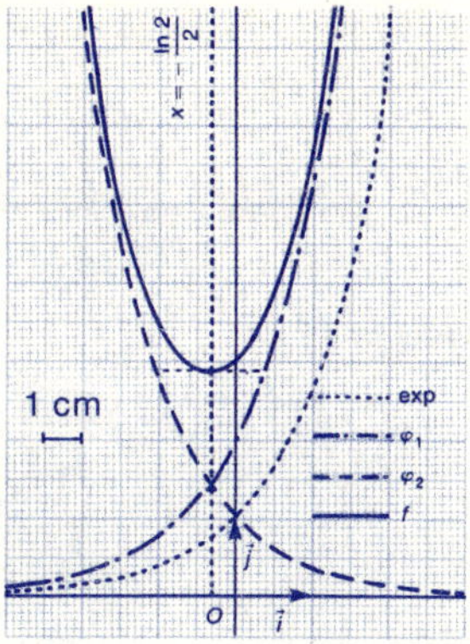

- *Autre façon*

Prenons le nouveau repère $(\Omega\ ;\vec{\imath},\vec{\jmath})$ avec $\Omega\left(-\frac{\ln 2}{2}\ ;0\right)$.

Soit un point M de coordonnées $(x\ ;y)$ dans le repère $(O\ ;\vec{\imath},\vec{\jmath})$, et $(X\ ;Y)$ dans le repère $(\Omega\ ;\vec{\imath},\vec{\jmath})$.

$$\overrightarrow{OM} = \overrightarrow{O\Omega} + \overrightarrow{\Omega M},$$

donc $$x\vec{\imath} + y\vec{\jmath} = -\frac{\ln 2}{2}\vec{\imath} + 0\,\vec{\jmath} + X\vec{\imath} + Y\vec{\jmath},$$

donc $$\begin{cases} x = -\dfrac{\ln 2}{2} + X \\ y = Y. \end{cases}$$

$$\begin{aligned} y = f(x) &\Leftrightarrow y = 2\,e^{x} + e^{-x} \\ &\Leftrightarrow Y = 2\,e^{-\frac{\ln 2}{2}+X} + e^{\frac{\ln 2}{2}-X} \\ &\Leftrightarrow Y = 2\,e^{-\frac{\ln 2}{2}}\,e^{X} + e^{\frac{\ln 2}{2}}\,e^{-X} \\ &\Leftrightarrow Y = 2\,e^{\ln\frac{1}{\sqrt{2}}}\,e^{X} + e^{\ln\sqrt{2}}\,e^{-X} \\ &\Leftrightarrow Y = 2 \times \frac{1}{\sqrt{2}}\,e^{X} + \sqrt{2}\,e^{-X} \end{aligned}$$

(car pour tout y de $\mathbb{R}_+^*$, $e^{\ln y} = y$).

$$\begin{aligned} &\Leftrightarrow Y = \sqrt{2}\,e^{X} + \sqrt{2}\,e^{-X} \\ &\Leftrightarrow Y = \sqrt{2}(e^{X} + e^{-X}) \\ &\Leftrightarrow Y = F(X), \end{aligned}$$

F étant la fonction de $\mathbb{R}$ dans $\mathbb{R}$ telle que :

$$F(X) = \sqrt{2}(e^{X} + e^{-X}).$$

Donc la courbe de f dans le repère $(O\,;\vec{i},\vec{j})$ est confondue avec la courbe de F dans le repère $(\Omega\,;\vec{i},\vec{j})$.
Pour tout réel x, $F(-X)=\sqrt{2}(e^{-X}+e^{X})=F(X)$.
Donc F est paire.
Donc la droite $(\Omega\,;\vec{j})$ est axe de symétrie de la courbe de F.
Donc la droite d'équation $x=-\dfrac{\ln 2}{2}$ est axe de symétrie de la courbe de f.

4) Pour tout réel x, on a :

$$\varphi_1\left(-\frac{\ln 2}{2}+x\right)=2\,e^{-\frac{\ln 2}{2}+x}=2\,e^{-\frac{\ln 2}{2}}\,e^x$$
$$=2\,e^{\ln\frac{1}{\sqrt{2}}}\,e^x=2\times\frac{1}{\sqrt{2}}\,e^x$$
$$=\sqrt{2}\,e^x\,;$$

$$\varphi_2\left(-\frac{\ln 2}{2}-x\right)=e^{\frac{\ln 2}{2}+x}$$
$$=e^{\frac{\ln 2}{2}}\,e^x=e^{\ln\sqrt{2}}\,e^x$$
$$=\sqrt{2}\,e^x\,;$$

donc : $$\varphi_1\left(-\frac{\ln 2}{2}+x\right)=\varphi_2\left(-\frac{\ln 2}{2}-x\right).$$

Donc **les courbes de φ_1 et φ_2 sont symétriques l'une de l'autre par rapport à la droite d'équation $x=-\dfrac{\ln 2}{2}$.**

Donc le point d'intersection des deux courbes appartient à cette droite.

$$\varphi_1\left(-\frac{\ln 2}{2}\right)=2\,e^{-\frac{\ln 2}{2}}=2\,e^{\ln\frac{1}{\sqrt{2}}}=2\times\frac{1}{\sqrt{2}}=\sqrt{2}$$
$$\approx 1{,}414\,.$$

3.7 $f(x)=x+\ln(2-e^x)$.

1) • *Ensemble de définition*

f est définie en x si et seulement si $2-e^x>0$, et, pour tout réel x :

$$2-e^x>0 \Leftrightarrow 2>e^x$$
$$\Leftrightarrow \ln 2>\ln e^x$$
(car ln est strictement croissante, et $e^x>0$)
$$\Leftrightarrow \ln 2>x \text{ (car } \ln e^x=x).$$

Soit $\mathcal{D}$ l'ensemble de définition de *f*.

$$\mathcal{D} =]-\infty\,;\ln 2[\,.$$

• *Continuité, dérivabilité*

f est continue et dérivable sur $\mathcal{D}$ comme somme des fonctions continues et dérivables $x \mapsto x$ et $x \mapsto \ln(2-e^x)$, elle-même composée des fonctions continues et dérivables $x \mapsto 2 - e^x$ et ln.

• *Etude en* $-\infty$

$$\lim_{x \to -\infty} e^x = 0\,, \quad \text{donc} \quad \lim_{x \to -\infty} (2 - e^x) = 2\,,$$

or $\lim\limits_{X \to 2} \ln X = \ln 2$, donc $\lim\limits_{x \to -\infty} \ln(2 - e^x) = \ln 2$.

Donc $\lim\limits_{x \to -\infty} f(x) = -\infty$.

• *Etude en* ln 2

$$\lim_{x \to \ln 2} e^x = e^{\ln 2} = 2\,, \quad \text{donc} \quad \lim_{x \to \ln 2} (2 - e^x) = 0\,.$$

Or $\lim\limits_{X \to 0} \ln X = -\infty$, donc $\lim\limits_{x \to \ln 2} \ln(2 - e^x) = -\infty$.

Donc $\lim\limits_{x \to \ln 2} f(x) = -\infty$.

Donc la droite d'équation $x = \ln 2$ est asymptote à la courbe de *f*.

• *Dérivée*

Pour tout *x* de $\mathcal{D}$:

$$f'(x) = 1 + \frac{-e^x}{2 - e^x} \quad \left(\text{car } (\ln \circ u)' = \frac{u'}{u}\right),$$

donc :
$$f'(x) = \frac{2 - e^x - e^x}{2 - e^x} = \frac{2(1 - e^x)}{2 - e^x}\,,$$

et on a : $f'(x) > 0 \Leftrightarrow 1 - e^x > 0$
(car pour tout x de $\mathcal{D}$, $2 - e^x > 0$),
$\Leftrightarrow 1 > e^x$
$\Leftrightarrow e^0 > e^x$
$\Leftrightarrow 0 > x$
(car exp est strictement croissante) ;

$f'(x) = 0 \Leftrightarrow 1 - e^x = 0$
$\Leftrightarrow e^0 = e^x$
$\Leftrightarrow 0 = x$ (car exp est bijective) ;

de plus : $f(0) = \ln(2 - e^0) = \ln(2 - 1) = \ln 1 = 0$.

- *Tableau de variation*

x	$-\infty$		0		$\ln 2$
$f'(x)$		$+$	0	$-$	‖
$f(x)$	$-\infty$	↗	0	↘	$-\infty$ ‖

$\ln 2 \approx 0{,}69$.

f est strictement croissante sur $]-\infty\ ;0]$,
et strictement décroissante sur $[0\ ;\ln 2[$.

2) Pour tout x de $\mathcal{D}$, $f(x) = x + \ln(2 - e^x)$, et $\lim\limits_{x \to -\infty} e^x = 0$.

Si e^x *est « proche » de* 0, *alors* $f(x)$ *est « voisin » de* $x + \ln 2$.
D'où l'idée de faire apparaître $x + \ln 2$.

Pour tout x de $\mathcal{D}$:

$$\begin{aligned} f(x) &= x + \ln(2 - e^x) \\ &= x + \ln\left[2\left(1 - \frac{e^x}{2}\right)\right] \\ &= x + \ln 2 + \ln\left(1 - \frac{e^x}{2}\right) \end{aligned}$$

$$\left(\text{car } 2\left(1 - \frac{e^x}{2}\right) > 0, \text{ donc } 1 - \frac{e^x}{2} > 0\right).$$

$$\lim_{x \to -\infty} e^x = 0, \text{ donc } \lim_{x \to -\infty}\left(1 - \frac{e^x}{2}\right) = 1.$$

Or $\lim\limits_{X \to 1} \ln X = \ln 1 = 0$, donc $\lim\limits_{x \to -\infty} \ln\left(1 - \frac{e^x}{2}\right) = 0$.

Donc **la droite d'équation $y = x + \ln 2$ est asymptote à la courbe de f en $-\infty$.**

Or $e^x > 0$, donc $1 - \frac{e^x}{2} < 1$, donc $\ln\left(1 - \frac{e^x}{2}\right) < 0$.

Donc **la courbe est au-dessous de son asymptote.**

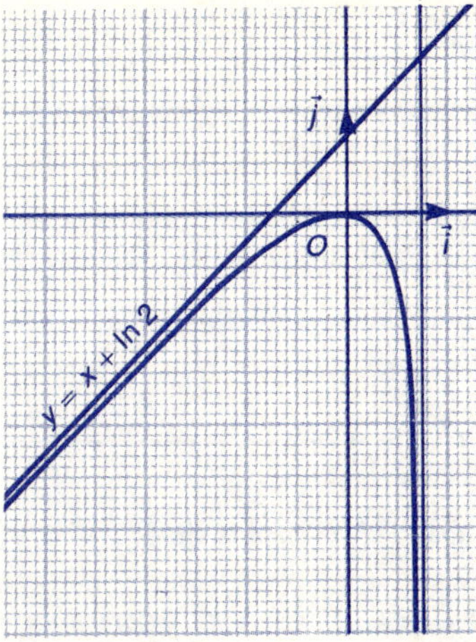

$\vec{j}$
O
$\vec{i}$
$y = x + \ln 2$

4. Fonctions $x \mapsto a^x$ et $x \mapsto x^\alpha$

> Pour tout a de $\mathbb{R}_+^*$ et tout b de $\mathbb{R}$:
>
> $$a^b = e^{b \ln a}.$$

Fonctions $x \mapsto a^x$

Pour tout a de $\mathbb{R}_+^*$ et tout x de $\mathbb{R}$: $a^x = e^{x \ln a}$.

Cas où $0 < a < 1$.

x	$-\infty$		$+\infty$
a^x	$+\infty$	↘	0

Cas où $a > 1$.

x	$-\infty$		$+\infty$
a^x	0	↗	$+\infty$

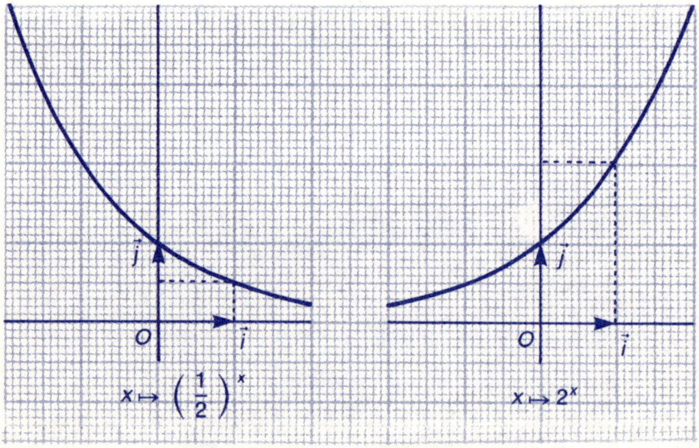

Si $a \neq 1$, la fonction $x \mapsto a^x$ est une bijection de $\mathbb{R}$ sur $\mathbb{R}_+^*$. Donc, si $a > 0$ et $a \neq 1$:
pour tous réels x et y, $x = y \Leftrightarrow a^x = a^y$.

Fonctions puissances $x \mapsto x^{\alpha}$

Pour tout α de $\mathbb{R}$ et tout x de $\mathbb{R}_+^*$:

$$x^{\alpha} = e^{\alpha \ln x}.$$

La dérivée de $x \mapsto x^{\alpha}$ est $x \mapsto \alpha x^{\alpha - 1}$.

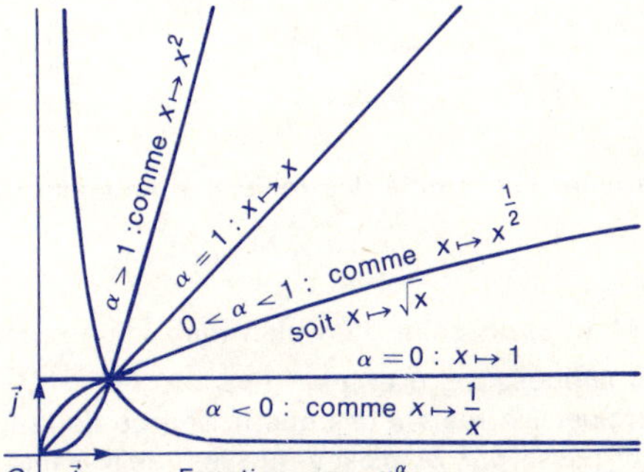

Fonctions $x \mapsto x^{\alpha}$

■ Cas particuliers

— Cas où $\alpha \in \mathbb{N}^*$.

L'ensemble de définition de $x \mapsto x^{\alpha}$ est $\mathbb{R}$.

— Cas où $\alpha = 0$.

Pour tout x de $\mathbb{R}^*$, $x^0 = 1$.

— Cas où $\alpha \in \mathbb{Z}_-^*$.

Alors $\alpha = -n$ avec $n \in \mathbb{N}^*$,

$$x^{\alpha} = x^{-n} = \frac{1}{x^n}.$$

L'ensemble de définition de $x \mapsto x^{\alpha}$ est $\mathbb{R}^*$.

— Cas où $\alpha = \frac{1}{n}$ avec $n \in \mathbb{N}^*$.

$$x^{\alpha} = x^{\frac{1}{n}} = \sqrt[n]{x}.$$

La fonction $\sqrt[n]{\ }$ est la fonction réciproque de la restriction de $x \mapsto x^n$ à $[0 ; +\infty[$.

ÉNONCÉS

Le plan est muni d'un repère orthonormal $(O, \vec{i}, \vec{j})$.

4.1 Résoudre dans $\mathbb{R}$ l'équation $(\mathcal{E})$ proposée.

1) $3^{2x} = 2^{3x}$.
2) $3^{2x} - 3^{x+1} + 2 = 0$.
3) $x^{\sqrt{x}} = (\sqrt{x})^x$.

4.2 Déterminer l'ensemble des réels x strictement positifs tels que :

$$(x^x)^x = x^{(x^x)}.$$

4.3 Soit $M(x\,;\,y)$ un point d'un plan muni d'un repère.

1) On suppose $x > 0$ et $x \neq 1$, $y > 0$.
Déterminer les réels α tels que la courbe de la fonction puissance $x \mapsto x^\alpha$ passe par M, c'est-à-dire les réels α tels que :

$$x^\alpha = y.$$

2) On suppose $x \neq 0$ et $y > 0$.
Déterminer les réels a tels que la courbe de la fonction $x \mapsto a^x$ passe par M, c'est-à-dire les réels a strictement positifs tels que :

$$a^x = y.$$

4.4 *Comparaison de 2^x et x^2*

1) *Etude graphique*
Tracer les courbes des fonctions $x \mapsto 2^x$ et $x \mapsto x^2$ dans un même plan muni d'un repère orthonormal $(O\,;\,\vec{i}, \vec{j})$ (unité 1 cm).

a) Graphiquement, conjecturer le nombre des réels x tels que :

$$2^x = x^2.$$

Déterminer ces réels :

— soit exactement, si ce sont des entiers,
— soit par un encadrement de largeur 10^{-3} à l'aide d'une calculatrice.

b) Graphiquement, conjecturer l'ensemble des réels x tels que :

$$2^x > x^2.$$

2) *Etude par le calcul*

a) Soit φ la fonction de $\mathbb{R}^*$ dans $\mathbb{R}$ telle que :

$$\varphi(x) = x \ln 2 - 2 \ln |x| .$$

Démontrer que, pour tout x de $\mathbb{R}^*$:

$$2^x = x^2 \Leftrightarrow \varphi(x) = 0 ,$$

$$2^x > x^2 \Leftrightarrow \varphi(x) > 0 .$$

b) Déterminer le tableau de variation de φ.
Retrouver ainsi le nombre des réels x tels que $2^x = x^2$, et l'ensemble des réels x tels que $2^x > x^2$.

4.5 *Equation* $x^x = 2$

1) Démontrer que :
pour tout x de $\mathbb{R}_+^*$, $\quad x^x > 1 \Leftrightarrow x > 1$.

2) Soit f la fonction de $\mathbb{R}_+^*$ dans $\mathbb{R}$ telle que :

$$f(x) = x^x .$$

Déterminer le tableau de variation de f sur $[1 ; +\infty[$.

3) Démontrer qu'il existe un seul réel x tel que :

$$x^x = 2 .$$

Soit α ce réel.

4) A l'aide d'une calculatrice, déterminer un encadrement de α de largeur 10^{-3}.

4.6 *Continuité en* 0. *Dérivabilité en* 0
Soit f la fonction de $\mathbb{R}_+$ dans $\mathbb{R}$ telle que :

$$\begin{cases} f(0) = 0 \\ \text{si } x > 0, \text{ alors } f(x) = x^{\frac{1}{x}} . \end{cases}$$

1) Démontrer que f est continue en 0.

2) Etudier la dérivabilité en 0 de f.

3) Déterminer le tableau de variation de f.
Déterminer les coordonnées des points d'intersection de la courbe de f avec la droite d'équation $y = 1$, et préciser la tangente en chacun de ces points.
Tracer la courbe de f dans un plan muni d'un repère orthonormal $(O, \vec{i}, \vec{j})$ (unité 1 cm).

SOLUTIONS

4.1 1) ($\mathcal{E}$) : $3^{2x} = 2^{3x}$

Pour tout réel x :

$$3^{2x} = e^{2x\ln 3} \quad \text{et} \quad 2^{3x} = e^{3x\ln 2},$$

donc :

$$3^{2x} = 2^{3x} \Leftrightarrow 2x\ln 3 = 3x\ln 2$$
$$\Leftrightarrow x(2\ln 3 - 3\ln 2) = 0\ ;$$

or :

$$2\ln 3 - 3\ln 2 = \ln(3^2) - \ln(2^3) = \ln 9 - \ln 8,$$

donc :

$$2\ln 3 - 3\ln 2 \neq 0.$$

On a prouvé :

$$3^{2x} = 2^{3x} \Leftrightarrow x = 0.$$

Finalement, ($\mathcal{E}$) **admet dans $\mathbb{R}$, une seule solution : 0.**

2) ($\mathcal{E}$) : $3^{2x} - 3^{x+1} + 2 = 0$.

Pour tout réel x, on a :

$$3^{2x} - 3^{x+1} + 2 = 0 \Leftrightarrow (3^x)^2 - 3 \times 3^x + 2 = 0$$
$$\Leftrightarrow (3^x - 1)(3^x - 2) = 0$$

(car pour tout réel x, $x^2 - 3x + 2 = (x-1)(x-2)$)

$$\Leftrightarrow 3^x = 1 \quad \text{ou} \quad 3^x = 2$$
$$\Leftrightarrow x = 0 \quad \text{ou} \quad x\ln 3 = \ln 2$$
$$\Leftrightarrow x = 0 \quad \text{ou} \quad x = \frac{\ln 2}{\ln 3}.$$

Finalement, **les solutions de** ($\mathcal{E}$) **dans $\mathbb{R}$ sont 0 et $\frac{\ln 2}{\ln 3}$.**

3) ($\mathcal{E}$) : $x^{\sqrt{x}} = (\sqrt{x})^x$.

$\sqrt{x}$ est défini si et seulement si $x \geqslant 0$.

Et, si $a > 0$, alors a^b est défini pour tout réel b.

Donc, si $x > 0$, alors $x^{\sqrt{x}}$ est défini.

Et $\sqrt{x} > 0$, donc $(\sqrt{x})^x$ est défini.

Pour tout x de $\mathbb{R}_+^*$:

$$x^{\sqrt{x}} = (\sqrt{x})^x \Leftrightarrow x^{\sqrt{x}} = \left(x^{\frac{1}{2}}\right)^x$$
$$\Leftrightarrow x^{\sqrt{x}} = x^{\frac{x}{2}}$$

(on a mis les deux membres sous forme de puissances du même réel x)

$$\Leftrightarrow x = 1 \text{ ou } \sqrt{x} = \frac{x}{2} \quad \left(\text{car, si } x \neq 1, \quad x^{\sqrt{x}} = x^{\frac{x}{2}} \Leftrightarrow \sqrt{x} = \frac{x}{2}\right)$$

$$\Leftrightarrow x = 1 \text{ ou } 2 = \frac{x}{\sqrt{x}} \quad (\text{car} \quad \sqrt{x} \neq 0)$$
$$\Leftrightarrow x = 1 \text{ ou } 2 = \sqrt{x}$$
$$\Leftrightarrow x = 1 \text{ ou } 4 = x.$$

Donc **les solutions de ($\mathcal{E}$) dans $\mathbb{R}$ sont 1 et 4.**

- *Vérifions que* 1 *et* 4 *sont bien solutions.*

$$1^{\sqrt{1}} = 1^1 = 1 \quad \text{et} \quad (\sqrt{1})^1 = \sqrt{1} = 1.$$
$$4^{\sqrt{4}} = 4^2 = 16 \quad \text{et} \quad (\sqrt{4})^4 = 2^4 = 16.$$

4.2 *Equation* $(x^x)^x = x^{(x^x)}$.

Si $a > 0$, alors a^b est défini pour tout réel b.
Donc, si $x > 0$, alors x^x et $x^{(x^x)}$ sont définis.
Et $x^x > 0$, donc $(x^x)^x$ est défini.
Pour tout x de $\mathbb{R}_+^*$:

$$(x^x)^x = x^{(x^x)} \Leftrightarrow x^{xx} = x^{(x^x)} \quad (\text{car } (a^b)^c = a^{bc})$$
$$\Leftrightarrow x^{(x^2)} = x^{(x^x)}$$
$$\Leftrightarrow x = 1 \text{ ou } x^2 = x^x$$
$$(\text{car, si } x \neq 1, \quad x^{(x^2)} = x^{(x^x)} \Leftrightarrow x^2 = x^x)$$
$$\Leftrightarrow x = 1 \text{ ou } 2 = x$$
$$(\text{pour la même raison}).$$

Donc **l'ensemble des solutions est $\{1 ; 2\}$.**

- *Vérifions que* 1 *et* 2 *sont bien solutions.*

$$(1^1)^1 = 1^{(1^1)} = 1.$$
$$(2^2)^2 = 4^2 = 16 \quad \text{et} \quad 2^{(2^2)} = 2^4 = 16.$$

- *Remarque*

$$[(-1)^{-1}]^{-1} = (-1)^{(-1)(-1)} = (-1)^1 = -1.$$
$$(-1)^{[(-1)^{-1}]} = (-1)^{\frac{1}{-1}} = (-1)^{-1} = \frac{1}{-1} = -1.$$

Donc -1 *vérifie aussi* $(x^x)^x = x^{(x^x)}$.

4.3 1) $x > 0$ et $x \neq 1$, $y > 0$.

On suppose $x \neq 1$, car les courbes de toutes les fonctions $x \mapsto x^\alpha$ passent par le point de coordonnées (1 ; 1), puisque $1^\alpha = 1$.

(Voir la figure dans les rappels.)

Pour tout réel α :

$$x^\alpha = y \Leftrightarrow \ln x^\alpha = \ln y \quad (\text{car ln est bijective et } x^\alpha > 0,\ y > 0)$$

$$\Leftrightarrow \alpha \ln x = \ln y \quad (\text{car } x > 0)$$

$$\Leftrightarrow \alpha = \frac{\ln y}{\ln x} \quad (\text{car } \ln x \neq 0, \text{ puisque } x \neq 1).$$

On trouve une seule solution pour α : $\boldsymbol{\alpha = \frac{\ln y}{\ln x}}$.

Donc, **par tout point $M(x\,;\,y)$ du plan tel que $x > 0$ et $x \neq 1$, $y > 0$, il passe une seule courbe de fonction puissance $x \mapsto x^\alpha$.**

2) $x \neq 0$, $y > 0$.

On suppose $x \neq 0$, car les courbes de toutes les fonctions $x \mapsto a^x$ passent par le point de coordonnées (0 ; 1), puisque $a^0 = 1$.

(Voir la figure dans les rappels.)

Pour tout a de $\mathbb{R}_+^*$:

$$a^x = y \Leftrightarrow \ln a^x = \ln y \quad (\text{car ln est bijective et } a^x > 0,\ y > 0)$$

$$\Leftrightarrow x \ln a = \ln y \quad (\text{car } a > 0$$

$$\Leftrightarrow \ln a = \frac{\ln y}{x} \quad (\text{car } x \neq 0)$$

$$\Leftrightarrow a = e^{\frac{\ln y}{x}}$$

$$\Leftrightarrow a = (e^{\ln y})^{\frac{1}{x}}$$

$$\Leftrightarrow a = y^{\frac{1}{x}} \quad (y > 0, \text{ donc } a > 0).$$

On trouve une seule solution pour a : $\boldsymbol{a = y^{\frac{1}{x}}}$.

Donc, **par tout point $M(x\,;\,y)$ du plan tel que $x \neq 0$ et $y > 0$, il passe une seule courbe de fonction $x \mapsto a^x$ avec $a \in \mathbb{R}_+^*$.**

4.4 1) a) Les réels x tels que $2^x = x^2$ sont les abscisses des points d'intersection des courbes des fonctions $x \mapsto 2^x$ et $x \mapsto x^2$.

D'après le graphique, l'ensemble des réels x tels que $2^x = x^2$ est :

$$\{\alpha\,;\,2\,;\,4\} \quad \text{avec} \quad -1 < \alpha < -0{,}5\,.$$

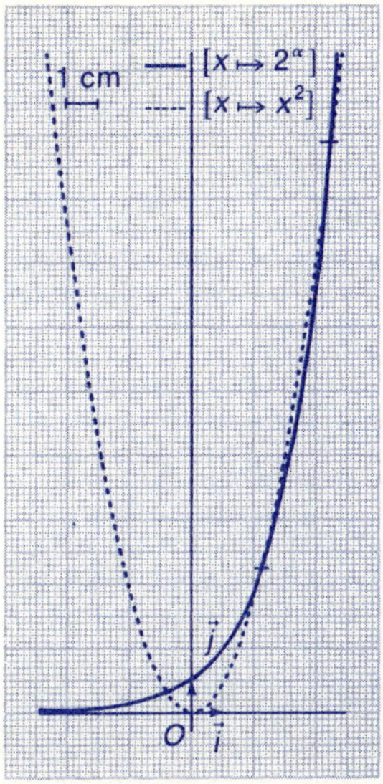

En effet, 2 est solution car $2^2 = 2^2$,
4 est solution car $2^4 = 4^2 = 16$.

A l'aide d'une calculatrice, déterminons un encadrement de α de largeur 10^{-3}.

x	-1	$-0{,}5$	$-0{,}7$	$-0{,}8$	$-0{,}77$	$-0{,}76$	$-0{,}767$	$-0{,}766$
$2^x - x^2$ (Premiers chiffres)	$-0{,}5$	$0{,}45$	$0{,}12$	$-0{,}06$	$-0{,}006$	$0{,}01$	$-0{,}0006$	$0{,}001$

Finalement, **d'après le graphique, l'ensemble des réels x tels que $2^x = x^2$ est :**

$$\{\alpha\ ; 2; 4\} \quad \textbf{avec} \quad -0{,}767 < \alpha < -0{,}766\,.\ )$$

b) $2^x > x^2$ si et seulement si le point d'abscisse x de la courbe de $x \mapsto 2^x$ est strictement au-dessus du point d'abscisse x de la courbe de $x \mapsto x^2$.

Donc, **d'après le graphique, l'ensemble des réels x tels que $2^x > x^2$ est :**

$$]\alpha\ ; 2[\ \cup\ ]4\ ; +\infty[\,.$$

On savait déjà que, au voisinage de $+\infty$, $2^x > x^2$, *car :*

$$\lim_{x \to +\infty} \frac{2^x}{x^2} = +\infty .$$

2) a) $2^0 = 1$ et $0^2 = 0$,
donc 0 ne vérifie pas $2^x = x^2$, et vérifie $2^x > x^2$.
Il suffit maintenant de faire l'étude sur $\mathbb{R}^*$.
On va introduire $|x|$ *pour pouvoir utiliser* ln, *car si* $x < 0$ *alors* $\ln x$ *n'est pas défini.*
Pour tout réel x non nul :

$$\begin{aligned} 2^x = x^2 &\Leftrightarrow 2^x = |x|^2 \qquad (\text{car } x^2 = |x|^2) \\ &\Leftrightarrow \ln 2^x = \ln |x|^2 \ (\text{car ln est bijective}) \\ &\Leftrightarrow x \ln 2 = 2 \ln |x| \\ &\quad (\ln |x| \text{ est défini car } |x| > 0) \\ &\Leftrightarrow x \ln 2 - 2 \ln |x| = 0 \\ &\Leftrightarrow \varphi(x) = 0 , \end{aligned}$$

φ étant la fonction de $\mathbb{R}^*$ dans $\mathbb{R}$ telle que :

$$\varphi(x) = x \ln 2 - 2 \ln |x| .$$

De même pour tout réel x non nul :

$$\begin{aligned} 2^x > x^2 &\Leftrightarrow 2^x > |x|^2 \\ &\Leftrightarrow \ln 2^x > \ln |x|^2 \\ &\quad (\text{car ln est strictement croissante}) \\ &\Leftrightarrow x \ln 2 > 2 \ln |x| \\ &\Leftrightarrow x \ln 2 - 2 \ln |x| > 0 \\ &\Leftrightarrow \varphi(x) > 0 . \end{aligned}$$

Donc, **pour tout réel x non nul :**

$$\mathbf{2^x = x^2 \Leftrightarrow \varphi(x) = 0 ,}$$

$$\mathbf{2^x > x^2 \Leftrightarrow \varphi(x) > 0 ,}$$

b) φ est la fonction définie sur $\mathbb{R}^*$ par :

$$\varphi(x) = x \ln 2 - 2 \ln |x| .$$

Attention,
pour les fonctions de la forme $\ln \circ |u|$, *il n'est pas nécessaire « d'enlever la valeur absolue » pour dériver.*
φ est continue et dérivable sur $\mathbb{R}^*$ comme différence de fonctions continues et dérivables.

- *Etude en* $-\infty$

$$\lim_{x \to -\infty} (x \ln 2) = -\infty \quad \text{car} \quad \ln 2 > 0\,,$$

$$\lim_{x \to -\infty} |x| = +\infty\,, \quad \text{or} \quad \lim_{X \to +\infty} \ln X = +\infty\,,$$

donc
$$\lim_{x \to -\infty} 2 \ln |x| = +\infty\,.$$

Donc
$$\lim_{x \to -\infty} \varphi(x) = -\infty.$$

- *Etude en* 0

$$\lim_{x \to 0} x \ln 2 = 0\,,$$

$$\lim_{x \to 0} |x| = 0\,, \quad \text{or} \quad \lim_{X \to 0} \ln X = -\infty\,,$$

donc
$$\lim_{x \to 0} 2 \ln |x| = -\infty\,.$$

Donc
$$\lim_{x \to 0} \varphi(x) = +\infty.$$

- *Etude en* $+\infty$

$$\lim_{x \to +\infty} x \ln 2 = +\infty \quad \text{car} \quad \ln 2 > 0\,,$$

$$\lim_{x \to +\infty} |x| = +\infty\,, \quad \text{or} \quad \lim_{X \to +\infty} \ln X = +\infty\,,$$

donc
$$\lim_{x \to +\infty} 2 \ln |x| = +\infty\,.$$

(On obtient la forme $\infty - \infty$.)
Méthode : mettre x en facteur.
Pour tout x de $\mathbb{R}_+^*$:

$$\begin{aligned} \varphi(x) &= x \ln 2 - 2 \ln x \\ &\quad \text{(car si } x > 0 \text{ alors } |x| = x) \\ &= x\left(\ln 2 - 2\,\frac{\ln x}{x}\right) \quad (\text{car } x \neq 0)\,. \end{aligned}$$

Or on sait que $\displaystyle\lim_{x \to +\infty} \frac{\ln x}{x} = 0$, donc $\displaystyle\lim_{x \to +\infty} \left(\ln 2 - 2\,\frac{\ln x}{x}\right) = \ln 2$.

Or $\ln 2 > 0$, donc $\displaystyle\lim_{x \to +\infty} \varphi(x) = +\infty$.

• *Dérivée*

Pour tout x de $\mathbb{R}^*$:

$$\varphi'(x) = \ln 2 - \frac{2}{x} \quad \text{(car la dérivée de } x \mapsto \ln|x| \text{ est } x \mapsto \frac{1}{x}\text{)},$$

donc : $$\varphi'(x) = \frac{x \ln 2 - 2}{x}.$$

• Si $x < 0$:

$$\varphi'(x) = \ln 2 - \frac{2}{x},$$

$$\varphi'(x) > 0 \text{ (car } \ln 2 > 0 \text{ et } -\frac{2}{x} > 0\text{)}.$$

• Si $x > 0$:

$$\varphi'(x) = \frac{x \ln 2 - 2}{x},$$

donc $\varphi'(x)$ est du signe de $x \ln 2 - 2$, et on a :

$$\varphi'(x) > 0 \Leftrightarrow x \ln 2 - 2 > 0$$
$$\Leftrightarrow x \ln 2 > 2$$
$$\Leftrightarrow x > \frac{2}{\ln 2},$$

(on ne change pas le sens de l'inégalité car $\ln 2 > 0$) ;

$$\varphi'(x) = 0 \Leftrightarrow x \ln 2 - 2 = 0$$
$$\Leftrightarrow x \ln 2 = 2$$
$$\Leftrightarrow x = \frac{2}{\ln 2}.$$

• *Tableau de variation*

x	$-\infty$		0		$\frac{2}{\ln 2}$		$+\infty$
$\varphi'(x)$		$+$	‖	$-$	0	$+$	
$\varphi(x)$	$-\infty$	↗	$+\infty$ ‖ $+\infty$	↘	$\varphi\left(\frac{2}{\ln 2}\right)$	↗	$+\infty$

φ est strictement croissante sur $]-\infty\,;0[$ et sur $\left[\dfrac{2}{\ln 2}\,;+\infty\right[$,
et strictement décroissante sur $\left]0\,;\dfrac{2}{\ln 2}\right]$.

$$\varphi\left(\frac{2}{\ln 2}\right)=\frac{2}{\ln 2}\ln 2-2\ln\left|\frac{2}{\ln 2}\right|=2-2\ln\frac{2}{\ln 2}\quad(\text{car }\ln 2>0)\,;$$

$$\varphi\left(\frac{2}{\ln 2}\right)\approx-0{,}119,\quad\text{donc :}\quad\varphi\left(\frac{2}{\ln 2}\right)<0.$$

φ est continue et strictement monotone sur chacun des intervalles $]-\infty\,;0[$, $\left]0\,;\dfrac{2}{\ln 2}\right[$ et $\left]\dfrac{2}{\ln 2}\,;+\infty\right[$.

Donc φ définit :
une bijection de $]-\infty\,;0[$ sur $]-\infty\,;+\infty[$,
une bijection de $\left]0\,;\dfrac{2}{\ln 2}\right[$ sur $\left]\varphi\left(\dfrac{2}{\ln 2}\right);+\infty\right[$,
une bijection de $\left]\dfrac{2}{\ln 2}\,;+\infty\right[$ sur $\left]\varphi\left(\dfrac{2}{\ln 2}\right);+\infty\right[$.
Or $0\in\,]-\infty\,;+\infty[$, et $0\in\left]\varphi\left(\dfrac{2}{\ln 2}\right);+\infty\right[$ car $\varphi\left(\dfrac{2}{\ln 2}\right)<0$.

Donc 0 a un seul antécédent par φ dans $]-\infty\,;0[$, un seul dans $\left]0\,;\dfrac{2}{\ln 2}\right[$ et un seul dans $\left]\dfrac{2}{\ln 2}\,;+\infty\right[$.
Donc il existe exactement 3 réels x tels que $\varphi(x)=0$.

Or pour tout x de $\mathbb{R}^*$: $2^x=x^2\Leftrightarrow\varphi(x)=0$.

Donc **il existe exactement 3 réels x tels que $2^x=x^2$.**
Il y en a un dans chacun des intervalles $]-\infty\,;0[$, $\left]0\,;\dfrac{2}{\ln 2}\right[$ et $\left]\dfrac{2}{\ln 2}\,;+\infty\right[$.

En effet, $\dfrac{2}{\ln 2}\approx 2{,}89$, *donc :*

$$\alpha\in\,]-\infty\,;0[,\quad 2\in\left]0\,;\frac{2}{\ln 2}\right[,\quad 4\in\left]\frac{2}{\ln 2}\,;+\infty\right[.$$

Du tableau de variation de φ, on déduit le signe de φ.

x	$-\infty$		α		0		2		4		$+\infty$
$\varphi(x)$		$-$	0	$+$	$\Vert$	$+$	0	$-$	0	$+$	

On en déduit que, pour tout x de $\mathbb{R}^*$, on a :

$$\varphi(x) > 0 \Leftrightarrow x \in \,]\alpha\,;0[\,\cup\,]0\,;2[\,\cup\,]4\,;+\infty[\,,$$

et on sait : $$2^x > x^2 \Leftrightarrow \varphi(x) > 0\,.$$

De plus, 0 vérifie $2^x > x^2$.
Donc **l'ensemble des réels x tels que $2^x > x^2$ est :**

$$]\alpha\,;2[\,\cup\,]4\,;+\infty[\,.$$

4.5 1) Pour tout x de $\mathbb{R}_+^*$:

$$\begin{aligned} x^x > 1 &\Leftrightarrow \ln x^x > \ln 1 \\ &\quad \text{car ln est strictement croissante} \\ &\quad \text{et } x^x > 0,\ 1 > 0 \\ &\Leftrightarrow x \ln x > 0 \\ &\Leftrightarrow \ln x > 0 \text{ car } x > 0 \\ &\Leftrightarrow x > 1 \end{aligned}$$

On a établi :

pour tout x de $\mathbb{R}_+^*$, $x^x > 1 \Leftrightarrow x > 1$.

2) Pour tout x de $\mathbb{R}_+^*$, $f(x) = x^x = e^{x \ln x}$.

• *Sens de variation*
La fonction $x \mapsto x \ln x$ est strictement croissante sur $[1\,;+\infty[$ comme produit des fonctions *positives* et strictement croissantes $x \mapsto x$ et $x \mapsto \ln x$.
Donc f est strictement croissante sur $[1\,;+\infty[$ comme composée des fonctions strictement croissantes $x \mapsto x \ln x$ et exp.

• *Autre façon*

f est dérivable sur $]0\,;+\infty[$ et, pour tout x de cet intervalle :

$$\begin{aligned} f'(x) &= \left(1 \ln x + x\,\frac{1}{x}\right) e^{x \ln x} \quad (\text{car } (e^u)' = u'\,e^u) \\ &= (\ln x + 1)\,x^x\,; \end{aligned}$$

si de plus $x \geqslant 1$, alors $\ln x \geqslant 0$ et $x^x > 0$, donc :

pour tout x de $[1\,;+\infty[$, $f'(x) > 0$.

• *Etude en* $+\infty$

$$\lim_{x \to +\infty} \ln x = +\infty, \quad \text{donc} \quad \lim_{x \to +\infty} x \ln x = +\infty\,.$$

Or $\lim\limits_{X \to +\infty} e^X = +\infty$, donc $\lim\limits_{x \to +\infty} f(x) = +\infty$.

- *Tableau de variation*

x	1		$+\infty$
$f(x)$	1	↗	$+\infty$

f est strictement croissante sur $[1\,;+\infty[$.

3) Pour tout x de $\mathbb{R}_+^*$:
si $x^x = 2$, alors $x^x > 1$,
donc, d'après 1) : $x > 1$,
d'où : $x \in\ ]1\,;+\infty[$.

Or f est continue et strictement monotone sur l'intervalle $[1\,;+\infty[$.
Donc f définit une bijection de $[1\,;+\infty[$ sur $[1\,;+\infty[$.
Or $2 \in [1\,;+\infty[$, donc 2 a un seul antécédent par f dans $[1\,;+\infty[$.
Finalement, **il existe un seul réel x tel que $x^x = 2$.**

4) Pour déterminer un encadrement de ce réel α, procédons par essais successifs à l'aide d'une calculatrice.

x	2	1,5	1,6	1,55	1,56	1,558	1,559
x^x (Premiers chiffres)	4	1,83	2,12	1,97	2,001	1,995	1,998

Donc **$1{,}559 < \alpha < 1{,}560$.**

4.6

$$\begin{cases} f(0) = 0, \\ \text{si } x > 0, \text{ alors } f(x) = x^{\frac{1}{x}}. \end{cases}$$

Pour tout a de $\mathbb{R}_+^*$ et tout X de $\mathbb{R}$, on a : $a^X = e^{X \ln a}$, donc, pour tout x de $\mathbb{R}_+^*$:

$$f(x) = e^{\frac{1}{x}\ln x} = e^{\frac{\ln x}{x}}.$$

On en déduit que l'ensemble de définition de f est $\mathbb{R}_+$ et que f est continue, dérivable au moins sur $\mathbb{R}_+^*$.

1) Comme f n'est définie que sur $[0\,;+\infty[$, dire que f est continue en 0 signifie :

$$\lim_{\substack{x \to 0 \\ x > 0}} f(x) = f(0).$$

On a :

$$\lim_{\substack{x \to 0 \\ x > 0}} \frac{1}{x} = +\infty\,, \quad \lim_{\substack{x \to 0 \\ x > 0}} \ln x = -\infty\,, \quad \text{donc :} \quad \lim_{\substack{x \to 0 \\ x > 0}} \frac{\ln x}{x} = -\infty\,;$$

de plus :

$$\lim_{X \to -\infty} e^X = 0\,,$$

donc :

$$\lim_{\substack{x \to 0 \\ x > 0}} e^{\frac{\ln x}{x}} = 0\,,$$

c'est-à-dire :

$$\lim_{\substack{x \to 0 \\ x > 0}} f(x) = f(0).$$

Cela prouve que **f est continue en 0.**

2) *Dérivabilité en* 0

Pour tout x de $\mathbb{R}_+^*$:

$$\frac{f(x) - f(0)}{x - 0} = \frac{f(x) - 0}{x - 0} = \frac{x^{\frac{1}{x}}}{x} = x^{\frac{1}{x} - 1}$$

$$= e^{\left(\frac{1}{x} - 1\right) \ln x}.$$

$$\lim_{\substack{x \to 0 \\ x > 0}} \frac{1}{x} = +\infty, \text{ donc } \lim_{\substack{x \to 0 \\ x > 0}} \left(\frac{1}{x} - 1\right) = +\infty,$$

$$\text{or } \lim_{x \to 0} \ln x = -\infty, \text{ donc } \lim_{x \to 0} \left(\frac{1}{x} - 1\right) \ln x = -\infty.$$

$$\text{Or } \lim_{X \to -\infty} e^X = 0, \text{ donc } \lim_{x \to 0} \frac{f(x) - f(0)}{x - 0} = 0.$$

Donc **f est dérivable en 0,**

et

$$f'(0) = \lim_{x \to 0} \frac{f(x) - f(0)}{x - 0} = 0\,.$$

Donc la tangente en O à la courbe de f est $(O\,;\vec{i})$.

Finalement, f est dérivable sur $\mathbb{R}_+$.

3) *Etude en* $+\infty$

On sait que $\lim\limits_{x \to +\infty} \dfrac{\ln x}{x} = 0$, or $\lim\limits_{X \to 0} e^X = e^0 = 1$,

donc $$\lim_{x \to +\infty} f(x) = 1\,.$$

Donc la droite d'équation $y = 1$ est asymptote à la courbe de f.

• *Dérivée*

Pour tout x de $\mathbb{R}_+^*$:

$$f'(x) = \frac{x \times \frac{1}{x} - (\ln x)\,1}{x^2}\, e^{\frac{\ln x}{x}} \quad \left(\text{car } (e^u)' = u'\,e^u\,,\ \text{avec } u(x) = \frac{\ln x}{x}\right)$$

$$= \frac{1 - \ln}{x^2}\, e^{\frac{\ln x}{x}}\,,$$

et on a :

$$\begin{aligned} f'(x) > 0 &\Leftrightarrow 1 - \ln x > 0 \quad \left(\text{car } e^{\frac{\ln x}{x}} > 0\right) \\ &\Leftrightarrow \ln e > \ln x \\ &\Leftrightarrow e > x \quad \text{(car ln est strictement croissante).} \end{aligned}$$

$$\begin{aligned} f'(x) = 0 &\Leftrightarrow \ln e = \ln x \\ &\Leftrightarrow e = x \quad \text{(car ln est bijective).} \end{aligned}$$

• *Tableau de variation*

x	0		e		$+\infty$
$f'(x)$	0	$+$	0	$-$	
$f(x)$	0	↗	$e^{\frac{1}{e}}$	↘	1

$e^{\frac{1}{e}} \approx 1{,}44.$

f est strictement croissante sur $[0\,;e]$,
et strictement décroissante sur $[e\,;+\infty[$.

• *Intersection avec l'asymptote d'équation* $y = 1$

Pour tout x de $\mathbb{R}_+^*$:

$$\begin{aligned} f(x) = 1 &\Leftrightarrow e^{\frac{\ln x}{x}} = 1 \\ &\Leftrightarrow e^{\frac{\ln x}{x}} = e^0 \\ &\Leftrightarrow \frac{\ln x}{x} = 0 \quad \text{(car exp est bijective)} \\ &\Leftrightarrow \ln x = 0 \\ &\Leftrightarrow x = 1\,. \end{aligned}$$

Le coefficient directeur de la tangente au point d'abscisse 1 est $f'(1)$.

$$f'(1) = \frac{1 - \ln 1}{1^2} e^{\frac{\ln 1}{1}} = e^0 = 1 .$$

Donc **le point d'intersection de la courbe de f avec l'asymptote d'équation $y = 1$ est le point de coordonnées (1 ; 1).**
Et la tangente en ce point est la droite d'équation $y = x$.

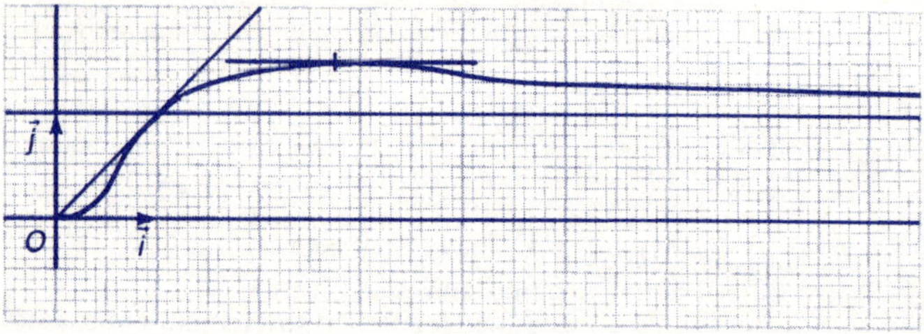

CONTINUITÉ DÉRIVABILITÉ

« Je me détourne, avec effroi et horreur, de cette plaie lamentable des fonctions continues qui n'ont pas de dérivée. »

Charles Hermite
Mathématicien français, 1822-1901

■ On sait que, si une fonction de $\mathbb{R}$ dans $\mathbb{R}$ est dérivable en un réel, alors elle est continue en ce réel, mais que la réciproque est fausse. Par exemple, la fonction valeur absolue $x \mapsto |x|$ est continue en 0, mais n'est pas dérivable en 0 (sa représentation graphique présente un point anguleux).

Toute fonction continue représentée par une réunion de segments de droite (« ligne brisée ») n'est dérivable en aucun des réels qui correspondent à un point anguleux de la représentation graphique.

■ Jusqu'au XIXe siècle, on pensait que toute fonction continue était dérivable, sauf, éventuellement, en des réels « isolés », c'est-à-dire tels que l'ensemble de ces réels ne contienne aucun intervalle (non réduit à un point).

En 1834, le mathématicien tchèque Bernhard Bolzano (1781-1848) fut le premier à trouver une fonction qui est continue sur un intervalle (non réduit à un point), mais qui n'est dérivable en aucun réel de cet intervalle.

La représentation graphique de cette fonction est la limite d'une « ligne brisée » que l'on brise de plus en plus, en remplaçant chaque segment par une nouvelle ligne brisée.

En 1874, alors que l'exemple de Bolzano n'avait pas encore été publié, le mathématicien allemand Karl Weierstrass (1815-1897) trouva une autre fonction qui est continue sur $\mathbb{R}$ mais n'est dérivable en aucun réel.

■ Voilà des fonctions qui sont continues sur $\mathbb{R}$, qui ne sont dérivables en aucun réel et qui ne sont monotones sur aucun intervalle de $\mathbb{R}$ (non réduit à un point) ; leur représentation graphique est un exemple de fractal.

Ces fonctions amenèrent les mathématiciens à mieux préciser les notions de continuité et de dérivabilité, et la définition des nombres réels.

5. Image d'un intervalle par une fonction continue et strictement monotone

• Si f est une fonction continue et strictement monotone sur un intervalle I, alors $f(I)$ est un intervalle.
($f(I)$ *est l'image de l'intervalle* I *par* f.)
En pratique, soient a et b des réels tels que $a < b$; on a par exemple :

* si f est strictement croissante sur $[a\,;b]$, alors

$$f([a\,;b]) = [f(a)\,;f(b)]\,;$$

* si f est strictement décroissante sur $]a\,;b]$, alors

$$f(]a\,;b]) = \left[f(b)\,;\lim_{a} f\right[\,;$$

* si f est strictement croissante sur $[a\,;+\infty[$, alors

$$f([a\,;+\infty[) = \left[f(a)\,;\lim_{+\infty} f\right[\,;$$

* si f est strictement décroissante sur $]-\infty\,;a[$, alors

$$f(]-\infty\,;a[) = \left]\lim_{a} f\,;\lim_{-\infty} f\right[\,.$$

• Si une fonction f est continue et strictement monotone sur un intervalle I, alors f définit une bijection de I sur $f(I)$.

ÉNONCÉS

5.1 f est la fonction $x \mapsto x^3 - 3x - 1$. On considère l'équation (E) : $f(x) = 0$.

1) Démontrer que (E) a exactement trois solutions dans $\mathbb{R}$. Soient x_1, x_2 et x_3 ces trois solutions, telles que $x_1 < x_2 < x_3$; placer x_1, x_2 et x_3 par rapport à -2, -1, 0, 1 et 2.

2) Pour tout réel u, exprimer $\cos 3u$ en fonction de $\cos u$, puis calculer $f(2\cos u)$ en fonction de $\cos 3u$.

3) Montrer que résoudre (E) dans $\mathbb{R}$ revient à résoudre l'équation $f(2\cos u) = 0$ dans $[0 ; \pi]$. En déduire les solutions de (E) dans $\mathbb{R}$.

5.2 Soient n un naturel tel que $n \geqslant 2$, et f la fonction

$$x \mapsto x^{n+1} - 2x^n + 1 .$$

1) Déterminer le tableau de variation de f sur $[0 ; +\infty[$, et préciser le signe de $f\left(\dfrac{2n}{n+1}\right)$.

2) Montrer que dans $\left]\dfrac{2n}{n+1} ; 2\right[$, l'équation $f(x) = 0$ admet une seule solution.

5.3 f est la fonction $x \mapsto \ln(1 - \ln x)$.

1) Déterminer l'ensemble de définition I de f, son sens de variation et les limites de f aux bornes de I.

2) a) Démontrer que f réalise une bijection de I sur un ensemble J à préciser.

b) On note g la fonction : $\begin{array}{l} I \to J \\ x \mapsto f(x). \end{array}$

Exprimer, pour tout réel x de J, $g^{-1}(x)$ en fonction de x.

5.4 On considère l'équation (E) dans $\mathbb{R}$: $2x^3 - 3x^2 - 12x + 5 = 0$.

1) Montrer que dans $]0 ; 1[$, (E) admet une seule solution α.

2) Déterminer un encadrement décimal de α de longueur inférieure à 10^{-3} par la méthode de dichotomie.

5.5 *Méthodes de Lagrange et de Newton pour la résolution d'une équation* $f(x) = 0$.
(Joseph Louis de Lagrange, mathématicien français, 1736-1813, *Isaac Newton, mathématicien anglais,* 1642-1727.)

Soit f le polynôme $x \mapsto x^5 + 2x - 1$.

1) a) Démontrer que f a une seule racine réelle. Soit r cette racine.
b) Déterminer a et b, approximations décimales d'ordre 1 de r par défaut et par excès.
Soient A et B les points d'abscisses respectives a et b de la représentation graphique $\mathcal{C}_f$ de f dans un plan muni d'un repère $(O\,;\vec{i}, \vec{j})$.

2) *Méthode de Lagrange*
Pour déterminer une approximation de r, on « confond » $\mathcal{C}_f$ avec la droite (AB), sécante à la courbe.
Soit α l'abscisse du point d'intersection C de la droite (AB) et de la droite des abscisses.
a) Déterminer α en fonction de a, b, $f(a)$ et $f(b)$, puis l'approximation de α obtenue à l'affichage d'une calculatrice.
b) Déterminer si $\alpha < r$ ou si $r < \alpha$.

3) *Méthode de Newton*
Pour déterminer une approximation de r, on « confond » $\mathcal{C}_f$ avec sa tangente en B.
Soit β l'abscisse du point d'intersection T de la tangente en B à $\mathcal{C}_f$ et de la droite des abscisses.

a) Déterminer β en fonction de b, $f(b)$ et $f'(b)$, puis l'approximation de β obtenue à l'affichage d'une calculatrice.
b) Déterminer si $\beta < r$ ou si $r < \beta$.

4) De 2) et 3), déduire l'encadrement de r le plus précis possible de la forme $a_1 < r < b_1$, où a_1 et b_1 sont des nombres décimaux comportant quatre chiffres après la virgule.

5) Recommencer 2) et 3) en remplaçant a par a_1 et b par b_1. En déduire l'encadrement de r le plus précis possible.

SOLUTIONS

5.1 $f : x \mapsto x^3 - 3x - 1$.

1) f, en tant que polynôme, est dérivable, donc continue, sur $\mathbb{R}$ et, pour tout réel x,

$$f'(x) = 3x^2 - 3 = 3(x-1)(x+1).$$

Il en résulte que f est :

— strictement croissante sur $]-\infty ; -1]$ et $[1 ; +\infty[$,

— strictement décroissante sur $[-1 ; 1]$.

On obtient facilement :

$$\lim_{-\infty} f = -\infty \quad \text{et} \quad \lim_{+\infty} f = +\infty .$$

Tableau de variation

x	$-\infty$		-1		1		$+\infty$
$f'(x)$		$+$	0	$-$	0	$+$	
$f(x)$	$-\infty$	↗	1	↘	-3	↗	$+\infty$

f est continue et strictement croissante sur l'intervalle $]-\infty ; -1]$; f réalise donc une bijection de l'intervalle $]-\infty ; -1]$ sur l'intervalle $\left]\lim_{-\infty} f ; f(-1)\right]$, soit $]-\infty ; 1]$.

Or 0 appartient à $]-\infty ; 1]$, donc 0 est l'image par f d'un unique réel x_1 de $]-\infty ; -1]$, ce qui prouve que (E) a une seule solution dans $]-\infty ; -1]$.

On démontre de manière analogue que (E) a une seule solution x_2 dans l'intervalle $]-1 ; 1[$ et une seule solution x_3 dans l'intervalle $[1 ; +\infty[$. Il en résulte que **(E) a exactement trois solutions dans $\mathbb{R}$.**

$f(-2) = -8 + 6 - 1 = -3$ et $f(-1) = 1$; $]-2 ; -1[\subset]-\infty ; -1]$.

f réalise donc une bijection de $]-2 ; -1[$ sur $]-3 ; 1[$;

or 0 appartient à $]-3 ; 1[$.

Il vient : $x_1 \in]-2 ; 1[$.

On établit de manière analogue : $x_2 \in]-1 ; 0[$ et $x_3 \in]1 ; 2[$.

Finalement : $\boldsymbol{-2 < x_1 < -1 < x_2 < 0 < 1 < x_3 < 2}$.

2) Pour tout réel u,

$$\begin{aligned}\cos 3u &= \cos(2u + u)\\ &= \cos 2u \cos u - \sin 2u \sin u\\ &= (2\cos^2 u - 1)\cos u - 2\sin^2 u \cos u\\ &= 2\cos^3 u - \cos u - 2(1 - \cos^2 u)\cos u\end{aligned}$$

$$\mathbf{\cos 3u = 4\cos^3 u - 3\cos u\ ;}$$

et

$$\begin{aligned}f(2\cos u) &= 8\cos^3 u - 6\cos u - 1\\ &= 2(4\cos^3 u - 3\cos u) - 1\end{aligned}$$

$$\mathbf{f(2\cos u) = 2\cos 3u - 1\ .}$$

3) Remarquons que les solutions de (E) dans $\mathbb{R}$ appartiennent à l'intervalle $[-2\,;2]$. Or la fonction $g : u \mapsto 2\cos u$ est continue et strictement décroissante sur $[0\,;\pi]$; elle réalise donc une bijection de $[0\,;\pi]$ sur $[g(\pi)\,;g(0)]$, c'est-à-dire sur $[-2\,;2]$, et les solutions dans $\mathbb{R}$ de l'équation $f(x) = 0$ sont les images par g des solutions dans $[0\,;\pi]$ de l'équation $f(2\cos u) = 0$, soit $\cos 3u = \frac{1}{2}$.

Les réels de l'intervalle $[0\,;3\pi]$ dont le cosinus est égal à $\frac{1}{2}$ étant $\frac{\pi}{3}$, $-\frac{\pi}{3} + 2\pi$ et $\frac{\pi}{3} + 2\pi$,

c'est-à-dire $$\frac{\pi}{3},\ \frac{5\pi}{3} \quad \text{et} \quad \frac{7\pi}{3},$$

les solutions dans $[0\,;\pi]$ de l'équation $f(2\cos u) = 0$ sont

$$\frac{\pi}{9},\ \frac{5\pi}{9} \quad \text{et} \quad \frac{7\pi}{9}.$$

Nous en déduisons :

$$\begin{aligned}\mathbf{x_1 = 2\cos\left(\frac{7\pi}{9}\right)} &\approx -1{,}53\ ;\\ \mathbf{x_2 = 2\cos\left(\frac{5\pi}{9}\right)} &\approx -0{,}35\ ;\\ \mathbf{x_3 = 2\cos\left(\frac{\pi}{9}\right)} &\approx 1{,}88\ .\end{aligned}$$

5.2 $f : x \mapsto x^{n+1} - 2x^n + 1$.

1) Le polynôme f est dérivable, donc continu, sur $\mathbb{R}$ et, pour tout réel x,

$$f'(x) = (n+1)x^n - 2nx^{n-1} = x^{n-1}[(n+1)x - 2n]\ .$$

On obtient : $f'(0) = f'\left(\frac{2n}{n+1}\right) = 0$;

pour tout x de $\left]0 ; \frac{2n}{n+1}\right[$, $f'(x) < 0$;

pour tout x de $\left]\frac{2n}{n+1} ; +\infty\right[$, $f'(x) > 0$.

On en déduit que la fonction f est strictement décroissante sur $\left[0 ; \frac{2n}{n+1}\right]$ et strictement croissante sur $\left[\frac{2n}{n+1} ; +\infty\right[$.

D'autre part, $f(0) = 1$ et on obtient facilement : $\lim\limits_{+\infty} f = +\infty$.

Nous en déduisons le tableau de variation de f sur $[0 ; +\infty[$:

x	0		$\frac{2n}{n+1}$		$+\infty$
$f(x)$	1	↘	$f\left(\frac{2n}{n+1}\right)$	↗	$+\infty$

$$f\left(\frac{2n}{n+1}\right) = \left(\frac{2n}{n+1}\right)^{n+1} - 2\left(\frac{2n}{n+1}\right)^{n} + 1$$
$$= 1 - \frac{2}{n+1}\left(\frac{2n}{n+1}\right)^{n}.$$

L'expression de $f\left(\frac{2n}{n+1}\right)$ ne permettant pas de déterminer simplement son signe, utilisons l'étude des variations de f effectuée précédemment.

Remarquons que : $f(1) = 1 - 2 + 1 = 0$;

or $n \geqslant 2$, donc :

$$1 < \frac{2n}{n+1} ;$$

f étant strictement décroissante sur $\left[0 ; \frac{2n}{n+1}\right]$,

$$f\left(\frac{2n}{n+1}\right) < f(1),$$

soit $$\boldsymbol{f\left(\frac{2n}{n+1}\right) < 0}.$$

2) Remarquons que : $\dfrac{2n}{n+1} < 2$.

La fonction f est continue et strictement croissante sur l'intervalle $\left]\dfrac{2n}{n+1}\,;2\right[$, donc f réalise une bijection de l'intervalle $\left]\dfrac{2n}{n+1}\,;2\right[$ sur l'intervalle $\left]f\left(\dfrac{2n}{n+1}\right);\,f(2)\right[$.

Or $f(2) = 2^{n+1} - 2 \times 2^n + 1 = 1$ et $f\left(\dfrac{2n}{n+1}\right) < 0$ d'après 1),

donc $$0 \in \left]f\left(\frac{2n}{n+1}\right);\,f(2)\right[,$$

et 0 admet un seul antécédent par f dans $\left]\dfrac{2n}{n+1}\,;2\right[$.

Nous avons prouvé que, **dans $\left]\dfrac{2n}{n+1}\,;2\right[$, l'équation $f(x) = 0$ admet une seule solution.**

5.3 $f : x \mapsto \ln(1 - \ln x)$.

L'ensemble de définition de la fonction ln est $\mathbb{R}_+^*$, donc :

$$I = \{x \in \mathbb{R}_+^*, 1 - \ln x > 0\},$$

soit $$I = \{x \in \mathbb{R}_+^*, \ln x < 1\}.$$

Or la fonction ln est strictement croissante sur $\mathbb{R}_+^*$ et $\ln e = 1$, donc :

$$\boldsymbol{I =]0\,;e[}.$$

La fonction ln est strictement croissante sur $\mathbb{R}_+^*$, donc la fonction $x \mapsto 1 - \ln x$ est strictement décroissante sur $\mathbb{R}_+^*$; il en résulte que, comme composée d'une fonction strictement croissante et d'une fonction strictement décroissante, **f est strictement décroissante sur I.**

Remarque

On aurait pu établir que f était dérivable sur I et que pour tout x de I, $f'(x) < 0$. Nous avons évité des calculs inutiles par des considérations sur la monotonie de la composée de fonctions monotones.

* $\lim\limits_{0} \ln = -\infty$, donc $\lim\limits_{x \to 0} (1 - \ln x) = +\infty$,

or $\lim\limits_{+\infty} \ln = +\infty$;

il vient $\boldsymbol{\lim\limits_{0} f = +\infty}$.

* $\lim\limits_{e} \ln = \ln e = 1$, donc $\lim\limits_{x \to e} (1 - \ln x) = 0$,

or $\lim_{0} \ln = -\infty$;

il vient $\mathbf{\lim_{e} f = -\infty}$ **.**

2) a) f, comme composée de fonctions continues sur leurs ensembles de définition, est continue sur I.
f est donc une fonction continue et strictement décroissante sur l'intervalle]0 ; e[; **f réalise donc une bijection de l'intervalle]0 ; e[sur l'intervalle $\left]\lim_{e} f ; \lim_{0} f\right[$, c'est-à-dire sur $\mathbb{R}$.**

b) g étant une bijection de]0 ; e[sur $\mathbb{R}$, nous savons que, pour tout réel m, l'équation d'inconnue x :

$$g(x) = m$$

admet une seule solution dans]0 ; e[, notée $g^{-1}(m)$.
Résolvons cette équation :

$$\begin{aligned} g(x) = m &\Leftrightarrow \ln(1 - \ln x) = m \\ &\Leftrightarrow 1 - \ln x = e^m \\ &\Leftrightarrow \ln x = 1 - e^m \\ &\Leftrightarrow x = e^{1 - e^m}. \end{aligned}$$

Nous en déduisons que, **pour tout réel x,**

$$\mathbf{g^{-1}(x) = e^{1 - e^x}}.$$

5.4 (E) $2x^3 - 3x^2 - 12x + 5 = 0$.

1) Soit f la fonction : $x \mapsto 2x^3 - 3x^2 - 12x + 5$; le polynôme f est dérivable, donc continu, sur $\mathbb{R}$ et, pour tout réel x,

$$f'(x) = 6x^2 - 6x - 12 = 6(x^2 - x - 2) = 6(x + 1)(x - 2).$$

Nous obtenons donc que f' s'annule en -1 et 2 et que, pour tout x de $]-1 ; 2[$,

$$f'(x) < 0,$$

ce qui prouve que f est strictement décroissante sur $[-1 ; 2]$.
Nous avons :

$$f(0) = 5 \quad \text{et} \quad f(1) = 2 - 3 - 12 + 5 = -8 ;$$

comme $-1 < 0 < 1 < 2$, f est continue et strictement décroissante sur l'intervalle]0 ; 1[; f réalise donc une bijection de l'intervalle

$]0\,;1[$ sur l'intervalle $]f(1)\,;\,f(0)[$, soit $]-8\,;5[$. Or 0 appartient à $]-8\,;5[$, donc 0 est l'image par f d'un seul réel α de $]0\,;1[$.

Nous avons prouvé que, **dans $]0\,;1[$, (E) admet une seule solution α.**

2) Remarquons que pour tous réels a et b tels que $0 \leqslant a < b \leqslant 1$, si $f(b) < 0 < f(a)$, alors un raisonnement analogue à celui suivi au 1) prouve que $a < \alpha < b$.
La recherche d'une approximation de α par dichotomie se mène de la façon suivante :

— on part de $[0\,;1]$, avec $f(0)$ et $f(1)$ de signes contraires ;

— on calcule $f\left(\frac{0+1}{2}\right)$, soit $f\left(\frac{1}{2}\right)$;

si $f(0)$ et $f\left(\frac{1}{2}\right)$ sont de signes contraires, alors on se place sur $\left[0\,;\frac{1}{2}\right]$,

s'ils sont de même signe on se place sur $\left[\frac{1}{2}\,;1\right]$,

si $f\left(\frac{1}{2}\right) = 0$, on arrête le processus.

L'intervalle ainsi obtenu, dont $\frac{1}{2}$ est une extrémité, est de longueur moitié ; on itère le procédé jusqu'à obtenir un intervalle d'amplitude inférieure à 10^{-3}, c'est-à-dire 10 fois ($2^9 < 1\,000 < 2^{10}$, $2^{10} = 1\,024$).
On obtient par cette méthode, avec une calculatrice programmable :

$$0{,}388671875 < \alpha < 0{,}3896484375\,.$$

Remarquons que l'on a : $f(0{,}388) > 0$ et $f(0{,}389) < 0$;
il en résulte que : $\mathbf{0{,}388 < \alpha < 0{,}389}$.

Voici un organigramme permettant de déterminer un encadrement de α : $x < \alpha < y$ d'amplitude λ.

Initialisation : $x \leftarrow 0$;
$y \leftarrow 1$.

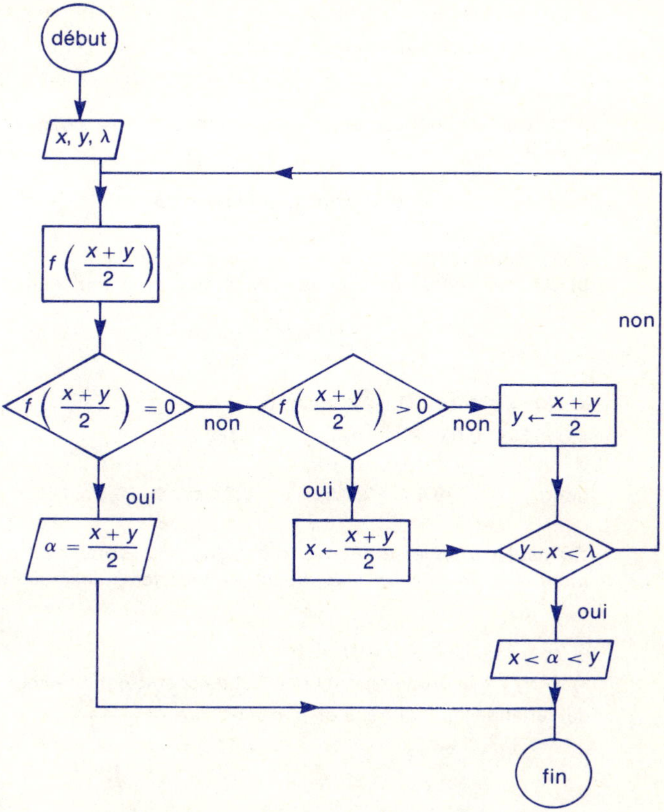

5.5 1) $f : x \mapsto x^5 + 2\,x - 1$.

a) • La fonction f, comme polynôme, est dérivable, donc continue, sur $\mathbb{R}$ et, pour tout réel x,

$$f'(x) = 5\,x^4 + 2\,,$$

d'où
$$f'(x) > 0\,,$$

ce qui prouve que f est strictement croissante sur $\mathbb{R}$.
• On obtient facilement :

$$\lim_{-\infty} f = -\infty \quad \text{et} \quad \lim_{+\infty} f = +\infty\,.$$

• f est continue et strictement croissante sur $\mathbb{R}$; elle réalise donc une bijection de l'intervalle $\mathbb{R}$ sur l'intervalle $\left]\lim_{-\infty} f ; \lim_{+\infty} f\right[$, c'est-à-dire sur $\mathbb{R}$.

Il en résulte que 0 admet un unique antécédent par f dans $\mathbb{R}$, ce qui signifie que

f admet une seule racine dans $\mathbb{R}$.

Soit r cette racine.

b) D'après l'étude de f, nous savons que, pour tout réel x,

$$\text{si } f(x) < 0, \quad \text{alors } x < r,$$
$$\text{si } f(x) > 0, \quad \text{alors } x > r.$$

• $f(0) = -1$ et $f(1) = 2$, donc $0 < r < 1$.
• $f(0{,}5) = 0{,}031\,25$ et $f(0{,}4) = -0{,}189\,76$,

donc $\mathbf{0{,}4 < r < 0{,}5}$, $\mathbf{a = 0{,}4}$ **et** $\mathbf{b = 0{,}5}$.

On peut continuer à utiliser ce procédé pour obtenir un encadrement de r de plus en plus précis (se reporter à l'exercice 5.4).

2) $A(a, f(a))$; $B(b, f(b))$; $C(\alpha ; 0)$.

a) (AB) est la droite passant par A et de coefficient directeur le taux de variation de f entre a et b, c'est-à-dire $\dfrac{f(b) - f(a)}{b - a}$.

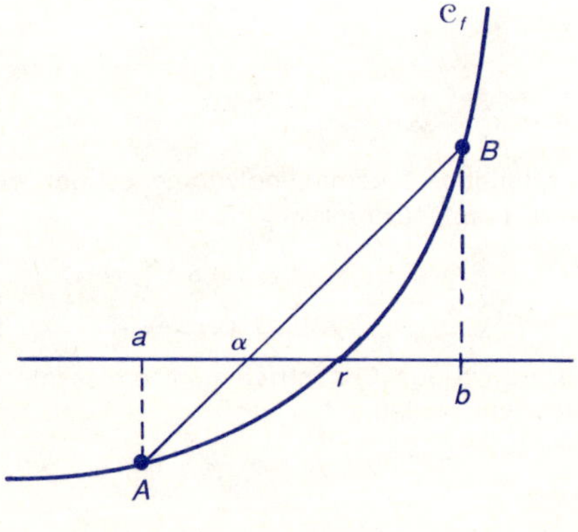

Dérivabilité sur un intervalle

■ Définition
Une fonction f est dérivable sur un intervalle I si et seulemen
si I est inclus dans l'ensemble de définition de f et la
restriction de f à I est dérivable en tout réel de I.

■ Propriété
Si une fonction est dérivable sur un intervalle, elle est
continue sur cet intervalle.

Fonction dérivée

■ Définition
f est une fonction dérivable sur un intervalle I. La **fonction dérivée** (ou dérivée première) de f sur I, notée f', est la fonction définie sur I, qui, à tout réel x de I, associe le nombre dérivé de f en x.

pérations et dérivées usuelles

Voir les tableaux récapitulatifs à la fin de l'ouvrage.

ivabilité et représentation graphique

C_f désigne la représentation graphique, dans le plan rapporté à un repère, d'une fonction f définie sur un intervalle I ; a est un réel de I.

ropriété
i f est dérivable en a, alors C_f admet une **tangente** au point
'abscisse a, et le coefficient directeur de cette tangente est
$'(a)$.
onc, si $f'(a) = 0$, alors la tangente est parallèle à la droite
es abscisses.
i C_f n'admet pas de tangente au point d'abscisse a (en
articulier si C_f présente un point anguleux), alors f n'est
s dérivable en a.

Une équation de (AB) est donc :

$$y - f(a) = \frac{f(b) - f(a)}{b - a}(x - a).$$

On en déduit que l'abscisse α du point d'intersection C des droites (AB) et $(O\,;\vec{i}\,)$ vérifie :

$$-f(a) = \frac{f(b) - f(a)}{b - a}(\alpha - a),$$

$$\alpha = a - f(a)\frac{b - a}{f(b) - f(a)},$$

$$\boldsymbol{\alpha = \frac{af(b) - bf(a)}{f(b) - f(a)}}.$$

L'approximation décimale de α obtenue à l'affichage d'une calculatrice Casio fx-7700G est 0,485 860 368 3, ce que nous notons :

$$\boldsymbol{\alpha \approx 0{,}485\,860\,368\,3}.$$

b) $f(\alpha) \approx -12{,}05 \times 10^{-4}$.
La précision est suffisante pour pouvoir affirmer que $f(\alpha) < 0$.
Donc, d'après l'étude de f, $\boldsymbol{\alpha < r}$.
On peut démontrer que la représentation graphique de la restriction de f à $[a\,;b]$ est au-dessous de la corde $[AB]$, ce qui explique que $\alpha < r$.

3) a)

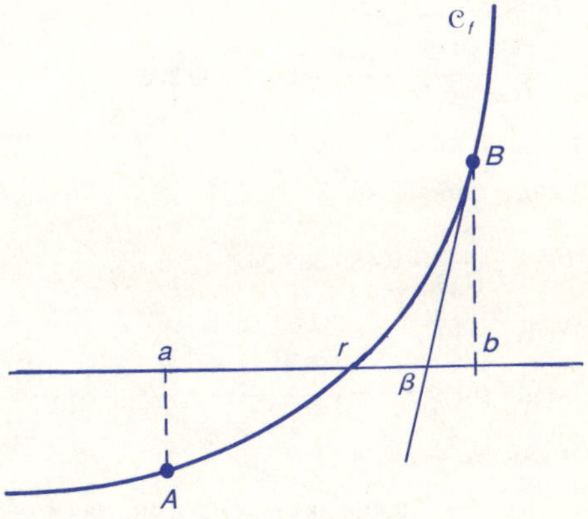

Le coefficient directeur de la tangente en B à $\mathcal{C}_f$ est $f'(b)$, donc une équation de cette tangente est :

$$y - f(b) = f'(b)(x - b).$$

L'abscisse β du point d'intersection I de cette tangente avec la droite des abscisses vérifie :

$$-f(b) = f'(b)(\beta - b);$$

$$\boldsymbol{\beta = b - \frac{f(b)}{f'(b)}} \quad \text{car} \quad f'(b) \neq 0.$$

L'approximation décimale de β obtenue à l'affichage d'une calculatrice Casio fx-7700G est 0,486 486 486 5.

$$\beta \approx \mathbf{0{,}486\,486\,486\,5}.$$

$f(\beta) \approx 2{,}22 \times 10^{-4}$.

La précision est suffisante pour affirmer que $f(\beta) > 0$.
Donc, d'après l'étude de f, $\boldsymbol{r < \beta}$.
On peut démontrer que $\mathcal{C}_f$ est au-dessus de sa tangente en B, ce qui explique que $r < \beta$.

4) D'après 2) et 3), $\alpha < r < \beta$.
Or $\alpha \approx 0{,}485\,860\,368\,3$ et $\beta \approx 0{,}486\,486\,486\,5$,

donc $\quad \mathbf{0{,}485\,8 < r < 0{,}486\,5}.$

(Il faut choisir une approximation par défaut de α, et une approximation par excès de β.)

5) $a_1 = 0{,}485\,8$, $\quad b_1 = 0{,}486\,5$.

On obtient :

$$\alpha_1 = \frac{a_1\, f(b_1) - b_1\, f(a_1)}{f(b_1) - f(a_1)} \approx 0{,}486\,389\,003.$$

$f(\alpha_1) \approx -7{,}5 \times 10^{-8}$.

$f(\alpha_1) < 0$, donc $\alpha_1 < r$.

$$\beta_1 = b_1 - \frac{f(b_1)}{f'(b_1)} \approx 0{,}486\,389\,042.$$

$f(\beta_1) \approx 1{,}4 \times 10^{-8}$.

$f(\beta_1) > 0$, donc $r < \beta_1$.

Finalement, $\alpha_1 < r < \beta_1$,

d'où $\quad \mathbf{0{,}486\,389\,0 < r < 0{,}486\,389\,1}.$

6. Composition de fonc dérivables. Dérivées successiv

Dérivabilité d'une fonction en un réel

■ Définition

f est une fonction définie sur un intervalle
de I.

• Dire que le réel A est le **nombre dérivé**
que l'une ou l'autre des deux conditi
réalisée :

∗ la fonction $h \mapsto \dfrac{f(a+h) - f(a)}{h}$ a po

∗ il existe une fonction ε telle que :

— pour tout réel h suffisamment proc

$$f(a+h) = f(a) + Ah +$$

— et $\lim\limits_{0} \varepsilon = 0$.

• f est **dérivable** en a si et seulemen
dérivé en a ; ce nombre dérivé est n

$$\lim_{h \to 0} \frac{f(a+h) - f(a)}{h} = \lim_{x \to a} \frac{f(}{}$$

Dérivabilité et continuité

■ Propriété

f est une fonction définie sur u
de I.

• Si f est dérivable en a, alors
est continue en a, elle n'est
Par exemple, la fonction vale
mais n'est pas dérivable en

■ Propriété

Si $\lim\limits_{x \to a} \dfrac{f(x) - f(a)}{x - a} \in \{-\infty\,;+\infty\}$, alors f n'est pas dérivable en a, mais C_f admet une tangente au point d'abscisse a, et cette tangente est parallèle à la droite des ordonnées.

En effet, pour tout réel x de l'ensemble de définition de f distinct de a, $\dfrac{f(x) - f(a)}{x - a}$ est le coefficient directeur de la droite (AM) avec $A(a\,;f(a))$ et $M(x\,;f(x))$.

Or, plus la valeur absolue du coefficient directeur d'une droite est grand, plus cette droite tend à être parallèle à l'axe des ordonnées.

Dérivée d'une fonction composée

■ Propriété

I et J sont des intervalles ; f est une fonction définie sur I et telle que $f(I) \subset J$; g est une fonction définie sur J (donc $g \circ f$ est définie sur I).

— Si f est dérivable en un réel a de I et si g est dérivable en $f(a)$, alors $g \circ f$ est dérivable en a et :

$$(g \circ f)'(a) = g'[f(a)] \times f'(a).$$

■ Conséquences

Enoncé 1. Si f est dérivable sur I et si g est dérivable sur J, alors $g \circ f$ est dérivable sur I, et :

$$(g \circ f)' = (g' \circ f)\, f'.$$

Soit u une fonction dérivable sur un intervalle I.

Enoncé 2. $\sin \circ\, u$ est dérivable sur I et

$$(\sin \circ\, u)' = (\cos \circ\, u)\, u'.$$

Enoncé 3. $\cos \circ\, u$ est dérivable sur I et

$$(\cos \circ\, u)' = (-\sin \circ\, u)\, u'.$$

Enoncé 4. a et b sont des réels et $a \neq 0$. J est l'intervalle ensemble des réels x tels que $ax + b \in I$. La fonction $x \mapsto u(ax + b)$ est dérivable sur J et sa dérivée est :

$$x \mapsto au'(ax + b).$$

Enoncé 5. Pour tout naturel n non nul, u^n est dérivable sur I et

$$(u^n)' = nu^{n-1}u'.$$

Enoncé 6. Si u ne s'annule pas sur I, pour tout entier n strictement négatif, u^n est dérivable sur I et

$$(u^n)' = nu^{n-1}u'.$$

Enoncé 7. Si u ne s'annule pas sur I, $\ln \circ |u|$ est dérivable sur I et

$$(\ln \circ |u|)' = \frac{u'}{u}.$$

Enoncé 8. $\exp \circ u$ est dérivable sur I et

$$(e^u)' = u' e^u.$$

Dérivées successives

■ Définition

• Soit f une fonction dérivable sur un intervalle I. Si f', dérivée de f, est elle-même dérivable sur I, la dérivée de f' est notée f'' ou $f^{(2)}$; c'est la dérivée seconde de f sur I. On définit de même, si elles existent, les dérivées successives :

$$f^{(3)} = f''' = (f'')' ;$$
$$f^{(4)} = (f^{(3)})', \text{ etc.}$$

En posant $f^{(0)} = f$ et $f^{(1)} = f'$, on a :

$$\text{pour tout } n \text{ de } \mathbb{N},\ f^{(n+1)} = (f^{(n)})'.$$

- Une fonction f est dite **infiniment dérivable** sur un intervalle quand elle admet des dérivées à tout ordre sur cet intervalle.

■ Exemples

Enoncé 9. Les fonctions sin, cos, exp sont infiniment dérivables sur $\mathbb{R}$; pour tout naturel n et pour tout réel x,

$$\sin^{(n)}(x) = \sin\left(x + n\frac{\pi}{2}\right),$$

$$\cos^{(n)}(x) = \cos\left(x + n\frac{\pi}{2}\right),$$

$$\exp^{(n)} = \exp .$$

Enoncé 10. Toute fonction rationnelle est infiniment dérivable sur tout intervalle inclus dans son ensemble de définition.

Enoncé 11. La fonction ln est infiniment dérivable sur $\mathbb{R}_+^*$.

ÉNONCÉS

Dérivée d'une fonction composée

6.1 Déterminer la fonction dérivée, sur un intervalle à préciser, de la fonction f proposée, dans les cas suivants :

1) $f : x \mapsto \sin^2 x \sin x^2$;

2) $f : x \mapsto \dfrac{1}{\sqrt[3]{x + \sqrt{x}}}$;

3) $f : x \mapsto e^{\frac{1}{x}} \ln x$.

Dérivées et limite

Dans les exercices suivants sont proposées des recherches de limite d'une fonction en un réel x_0 dont l'expression présente une indétermination de la forme $\frac{0}{0}$. Il s'agira de reconnaître ou de faire apparaître des taux de variation de fonctions dérivables en x_0 pour pouvoir conclure.

6.2 f est la fonction $x \mapsto \dfrac{\sqrt[3]{x+22} - 3}{\sqrt[4]{x+11} - 2}$.

1) Déterminer l'ensemble de définition D de f.
2) Etudier la limite éventuelle de f en 5.

6.3 Etudier la limite éventuelle de la fonction $f : x \mapsto \dfrac{\sin 3x}{\sin 2x}$ en 0 puis en π.

6.4 Etudier la limite éventuelle de la fonction $f : x \mapsto \dfrac{\ln x}{e^{x-1} - 1}$ en 1.

6.5 f est la fonction : $x \mapsto \dfrac{\tan x - 1}{2 \cos x - \sqrt{2}}$.

Etudier la limite éventuelle de f en $\frac{\pi}{4}$.

Dérivées successives

6.6 1) Déterminer les dérivées successives des fonctions $f : x \mapsto \cos(ax + b)$ et $g : x \mapsto \sin(ax + b)$, où $(a\,;\,b) \in \mathbb{R}^* \times \mathbb{R}$.

2) En déduire les dérivées successives des fonctions u et v :

$$u : x \mapsto 2 \sin \frac{5\,x}{2} \cos \frac{x}{2} \cos x\,;$$

$$v : x \mapsto 4 \cos^3(2\,x + 1)\,.$$

6.7 1) Déterminer les dérivées successives des fonctions :

$$f : x \mapsto \frac{1}{x - 2} \quad \text{et} \quad g : x \mapsto \frac{1}{x + 2}\,.$$

2) Déterminer des réels a, b et c tels que, pour tout réel x :

$$3\,x^2 + 2\,x - 12 = a(x^2 - 4) + b(x + 2) + c(x - 2)\,.$$

En déduire les dérivées successives de la fonction :

$$h : x \mapsto \frac{3\,x^2 + 2\,x - 12}{x^2 - 4}\,.$$

Encadrements polynomiaux

6.8 Démontrer que, pour tout réel x négatif,

$$1 + x \leqslant e^x \leqslant 1 + x + \frac{x^2}{2}\,.$$

Quel encadrement de $e^{-0{,}01}$ en déduit-on ?

6.9 Démontrer que, pour tout réel x,

$$1 - \frac{x^2}{2} \leqslant \cos x \leqslant 1 - \frac{x^2}{2} + \frac{x^4}{24}\,.$$

SOLUTIONS

Dérivée d'une fonction composée

6.1 1) $f : x \mapsto \sin^2 x \sin x^2$.

Les fonctions $x \mapsto x^2$ et sin étant dérivables sur $\mathbb{R}$, leurs composées $x \mapsto \sin^2 x$ et $x \mapsto \sin x^2$ le sont également ; comme produit de ces deux dernières fonctions, ***f* est dérivable sur $\mathbb{R}$**.

La dérivée de $x \mapsto \sin^2 x$ est $x \mapsto 2 \sin x \cos x$ (cf. énoncé 5),
la dérivée de $x \mapsto \sin x^2$ est $x \mapsto 2x \cos x^2$ (cf. énoncé 2),
donc on a $f' : x \mapsto (2 \sin x \cos x) \sin x^2 + (\sin^2 x)(2x \cos x^2)$,
soit $\boldsymbol{f' : x \mapsto 2 \sin x (\cos x \sin x^2 + x \sin x \cos x^2)}$ (cf. tableau 1).

2) $f : x \mapsto \dfrac{1}{\sqrt[3]{x + \sqrt{x}}}$.

L'ensemble de définition des fonctions $x \mapsto \sqrt{x}$ et $x \mapsto \sqrt[3]{x}$ est $\mathbb{R}_+$, et elles sont dérivables sur $\mathbb{R}_+^*$; on en déduit que la fonction $x \mapsto x + \sqrt{x}$ est dérivable sur $\mathbb{R}_+^*$, et comme de plus elle est strictement positive sur $\mathbb{R}_+^*$, la fonction $x \mapsto \sqrt[3]{x + \sqrt{x}}$ est dérivable et ne s'annule pas sur $\mathbb{R}_+^*$.

Comme inverse de cette dernière fonction, ***f* a donc pour ensemble de définition $\mathbb{R}_+^*$ et est dérivable sur $\mathbb{R}_+^*$.**

Pour tout x de $\mathbb{R}_+^*$,

$$f(x) = (x + \sqrt{x})^{-\frac{1}{3}} \quad \text{et} \quad f'(x) = -\frac{1}{3}(x + \sqrt{x})^{-\frac{1}{3}-1} \times \left(1 + \frac{1}{2\sqrt{x}}\right),$$

donc, pour tout *x* de $\mathbb{R}_+^*$,

$$\boldsymbol{f'(x) = -\frac{2\sqrt{x} + 1}{6\sqrt{x}(x + \sqrt{x})(\sqrt[3]{x + \sqrt{x}})}}.$$

3) $f : x \mapsto e^{\frac{1}{x}} \ln x$.

L'ensemble de définition de f est $\mathbb{R}_+^*$; d'autre part,

* $x \mapsto \dfrac{1}{x}$ étant dérivable sur $\mathbb{R}_+^*$ et $x \mapsto e^x$ étant dérivable sur $\mathbb{R}$, $x \mapsto e^{\frac{1}{x}}$ est dérivable sur $\mathbb{R}_+^*$;
* comme produit de cette dernière fonction par la fonction ln dérivable sur $\mathbb{R}_+^*$, ***f* est dérivable sur $\mathbb{R}_+^*$.**

Pour tout x de $\mathbb{R}_+^*$,

$$f'(x) = \left(-\frac{1}{x^2} e^{\frac{1}{x}}\right) \ln x + e^{\frac{1}{x}} \frac{1}{x}$$

(cf. énoncé 1 et tableaux en fin d'ouvrage).

donc, **pour tout x de $\mathbb{R}_+^*$,**

$$f'(x) = \frac{e^{\frac{1}{x}}}{x^2}(x - \ln x).$$

6.2 $f : x \mapsto \dfrac{\sqrt[3]{x+22} - 3}{\sqrt[4]{x+11} - 2}$.

L'ensemble de définition D de f est l'ensemble des réels x qui vérifient :

$$x + 22 \geqslant 0, \quad x + 11 \geqslant 0 \quad \text{et} \quad \sqrt[4]{x+11} \neq 2,$$

c'est-à-dire $\quad x \geqslant -11 \quad$ et $\quad x + 11 \neq 16$,

soit $\quad x \geqslant -11 \quad$ et $\quad x \neq 5$.

Finalement, $\quad D = [-11\,;5[\cup]5\,;+\infty[$.

La recherche d'une éventuelle limite de f en 5 a bien un sens puisque D contient au moins un intervalle non réduit à un réel, dont une extrémité est 5.
Comme $\sqrt[3]{5+22} = \sqrt[3]{27} = 3$ et $\sqrt[4]{5+11} = \sqrt[4]{16} = 2$, nous sommes en présence d'une indétermination de la forme $\frac{0}{0}$ pour f.

Considérons les fonctions

$$u : x \mapsto \sqrt[3]{x+22} \quad \text{et} \quad v : x \mapsto \sqrt[4]{x+11}.$$

Pour tout x de D.

$$f(x) = \frac{\dfrac{u(x) - u(5)}{x-5}}{\dfrac{v(x) - v(5)}{x-5}}.$$

Remarquons que, pour tout naturel n non nul, la notation $x \mapsto \sqrt[n]{x}$ désigne la fonction $x \mapsto x^{\frac{1}{n}}$ qui est dérivable sur $\mathbb{R}_+^*$ et dont la dérivée est :

$$x \mapsto \frac{1}{n} x^{\frac{1}{n} - 1}, \quad \text{soit} \quad x \mapsto \frac{1}{n} \times \frac{\sqrt[n]{x}}{x};$$

u et v sont donc dérivables en 5 (cf. énoncé 2) avec :

$$\lim_{x \to 5} \frac{u(x) - u(5)}{x-5} = u'(5) = \frac{1}{3}(5+22)^{\frac{1}{3}-1} = \frac{1}{3} \times \frac{\sqrt[3]{27}}{27} = \frac{1}{27};$$

$$\lim_{x \to 5} \frac{v(x) - v(5)}{x - 5} = v'(5) = \frac{1}{4}(5 + 11)^{\frac{1}{4} - 1}$$

$$= \frac{1}{4} \times \frac{\sqrt[4]{16}}{16} = \frac{1}{32}.$$

On obtient donc finalement :

$$\lim_{5} f = \frac{\frac{1}{27}}{\frac{1}{32}} = \frac{32}{27}.$$

6.3 $f : x \mapsto \dfrac{\sin 3x}{\sin 2x}$.

Les réels x tels que $\sin 2x = 0$ sont les multiples entiers de $\frac{\pi}{2}$.

L'ensemble de définition D de f est donc la réunion des intervalles $\left]\frac{k\pi}{2} ; \frac{(k+1)\pi}{2}\right[$, où k décrit $\mathbb{Z}$. D contenant au moins un intervalle, non réduit à un réel, dont une des extrémités est 0, et au moins un intervalle, non réduit à un réel, dont une des extrémités est π, la recherche d'une éventuelle limite de f en 0 et en π a donc un sens.

Comme $\sin 0 = \sin 3\pi = \sin 2\pi = 0$, nous sommes en présence, en 0 et en π, d'une indétermination de la forme $\frac{0}{0}$ pour f.

• Pour tout x de $\left]-\frac{\pi}{2} ; 0\right[\cup \left]0 ; \frac{\pi}{2}\right[$,

$$f(x) = \frac{\dfrac{\sin 3x - \sin(3 \times 0)}{x - 0}}{\dfrac{\sin 2x - \sin(2 \times 0)}{x - 0}}.$$

Les fonctions $x \mapsto \sin 3x$ et $x \mapsto \sin 2x$ sont dérivables sur $\mathbb{R}$, leurs dérivées respectives sont $x \mapsto 3\cos 3x$ et $x \mapsto 2\cos 2x$ (cf. énoncé 2).

Donc, par définition du nombre dérivé de ces fonctions en 0,

$$\lim_{x \to 0} \frac{\sin 3x - \sin(3 \times 0)}{x - 0} = 3\cos(3 \times 0) = 3$$

et $$\lim_{x \to 0} \frac{\sin 2x - \sin(2 \times 0)}{x - 0} = 2\cos(2 \times 0) = 2.$$

Il en résulte que : $\lim\limits_{0} f = \dfrac{3}{2}$.

- Pour tout x de D, $x + \pi$ appartient à D et

$$f(x+\pi) = \frac{\sin(3x + 3\pi)}{\sin(2x + 2\pi)} = \frac{-\sin 3x}{\sin 2x} = -f(x),$$

ce qui prouve que $\lim\limits_{\pi} f = -\lim\limits_{0} f$, soit $\lim\limits_{\pi} f = -\dfrac{3}{2}$.

- *Autres méthodes*

— Pour tout x de D, $f(x) = \dfrac{3}{2}\dfrac{\dfrac{\sin 3x}{3x}}{\dfrac{\sin 2x}{2x}}$.

Le résultat classique $\lim\limits_{x \to 0} \dfrac{\sin x}{x} = 1$ et le théorème sur la limite d'une fonction composée permettaient de conclure : $\lim\limits_{0} f = \dfrac{3}{2}$.

— Pour tout réel x,

$$\sin 2x = 2 \sin x \cos x ;$$
$$\sin 3x = \sin(2x + x) = \sin 2x \cos x + \cos 2x \sin x,$$

soit : $\sin 3x = 2 \sin x \cos^2 x + \cos 2x \sin x$.

Donc, pour tout x de D,

$$f(x) = \frac{\sin x(2\cos^2 x + \cos 2x)}{2 \sin x \cos x} = \frac{2\cos^2 x + \cos 2x}{2 \cos x}.$$

Or la fonction cos est continue sur $\mathbb{R}$ et, en particulier, $\lim\limits_{0} \cos = \cos 0 = 1$.

On en déduit que : $\lim\limits_{0} f = \dfrac{2+1}{2} = \dfrac{3}{2}$.

6.4 $f : x \mapsto \dfrac{\ln x}{e^{x-1} - 1}$.

L'ensemble de définition de ln est $\mathbb{R}_+^*$; la fonction $x \mapsto e^x$ réalisant une bijection de $\mathbb{R}$ sur $\mathbb{R}_+^*$ et e^0 valant 1, 1 est la seule solution dans $\mathbb{R}$ de l'équation $e^{x-1} - 1 = 0$.

L'ensemble de définition D de f est donc $]0\,;1[\, \cup \,]1\,;+\infty[$; la recherche d'une éventuelle limite en 1 a donc un sens.

Comme $\ln 1 = 0$ et $e^{1-1} - 1 = 0$, nous sommes en présence d'une indétermination de la forme $\dfrac{0}{0}$ pour f.

Pour tout x de D,

$$f(x) = \frac{\dfrac{\ln x - \ln 1}{x-1}}{\dfrac{1}{e} \times \dfrac{e^x - e^1}{x-1}}.$$

La fonction ln est dérivable sur $\mathbb{R}_+^*$ et $\ln' = \left[x \mapsto \frac{1}{x}\right]$.

Par définition du nombre dérivé de ln en 1,

$$\lim_{x \to 1} \frac{\ln x - \ln 1}{x-1} = \ln'(1) = \frac{1}{1} = 1.$$

On a redémontré le résultat classique : $\lim\limits_{x \to 1} \dfrac{\ln x}{x-1} = 1$.

La fonction $x \mapsto e^x$ est dérivable sur $\mathbb{R}$ et est égale à sa fonction dérivée ;
par définition du nombre dérivé de exp en 1,

$$\lim_{x \to 1} \frac{e^x - e^1}{x-1} = \exp'(1) = e^1 = e.$$

Nous obtenons : $\lim\limits_{1} f = \dfrac{1}{\frac{1}{e} \times e}$, soit $\boldsymbol{\lim\limits_{1} f = 1}$.

6.5 $f : x \mapsto \dfrac{\tan x - 1}{2\cos x - \sqrt{2}}$.

• Remarquons que la recherche d'une éventuelle limite de f en $\frac{\pi}{4}$ a bien un sens, puisque l'ensemble de définition D de f contient $\left]0 ; \frac{\pi}{4}\right[\cup \left]\frac{\pi}{4} ; \frac{\pi}{2}\right[$.

• Comme $\tan\left(\frac{\pi}{4}\right) = 1$ et $\cos\left(\frac{\pi}{4}\right) = \frac{\sqrt{2}}{2}$, nous sommes en présence d'une indétermination de la forme $\frac{0}{0}$.

• Pour tout x de D,

$$f(x) = \frac{1}{2} \times \frac{\dfrac{\tan x - \tan\left(\frac{\pi}{4}\right)}{x - \frac{\pi}{4}}}{\dfrac{\cos x - \cos\left(\frac{\pi}{4}\right)}{x - \frac{\pi}{4}}}.$$

• La fonction tangente est dérivable sur tout intervalle inclus dans son ensemble de définition et $\tan' = \dfrac{1}{\cos^2}$

donc $$\lim_{x \to \frac{\pi}{4}} \frac{\tan x - \tan\left(\frac{\pi}{4}\right)}{x - \frac{\pi}{4}} = \frac{1}{\cos^2\left(\frac{\pi}{4}\right)} = 2\,.$$

• La fonction cosinus est dérivable sur $\mathbb{R}$ et $\cos' = -\sin$, donc

$$\lim_{x \to \frac{\pi}{4}} \frac{\cos x - \cos\left(\frac{\pi}{4}\right)}{x - \frac{\pi}{4}} = -\sin\frac{\pi}{4} = -\frac{\sqrt{2}}{2}\,.$$

• On obtient :

$$\lim_{\frac{\pi}{4}} f = \frac{1}{2} \times \frac{2}{-\frac{\sqrt{2}}{2}}, \text{ soit } \boldsymbol{\lim_{\frac{\pi}{4}} f = -\sqrt{2}}\,.$$

Dérivées successives

6.6 1) $f : x \mapsto \cos(ax + b)$ et $g : x \mapsto \sin(ax + b)$.
Les fonctions sin, cos et $x \mapsto ax + b$ étant infiniment dérivables sur $\mathbb{R}$, f et g le sont également. En utilisant les énoncés 4 et 9, une récurrence élémentaire établit que, pour tout naturel n,

$$f^{(n)} : x \mapsto a^n \cos\left(ax + b + n\frac{\pi}{2}\right)\,;$$

$$g^{(n)} : x \mapsto a^n \sin\left(ax + b + n\frac{\pi}{2}\right)\,.$$

2) $u : x \mapsto 2\sin\dfrac{5x}{2}\cos\dfrac{x}{2}\cos x$ et $v : x \mapsto 4\cos^3(2x + 1)$.
Afin de simplifier les calculs et de pouvoir utiliser les résultats de 1), linéarisons u et v.
Pour tout réel x,

• $$\begin{aligned} u(x) &= \left[2\sin\frac{5x}{2}\cos\frac{x}{2}\right]\cos x \\ &= (\sin 3x + \sin 2x)\cos x \\ &= \frac{1}{2}(\sin 4x + \sin 2x + \sin 3x + \sin x) \end{aligned}$$

(*car pour tous réels a et b,*

$$2\sin a\cos b = \sin(a+b) + \sin(a-b))\,,$$

donc on a $u : x \mapsto \frac{1}{2}(\sin 4x + \sin 3x + \sin 2x + \sin x)$;

- $$\begin{aligned} v(x) &= 4\cos^2(2x+1)\cos(2x+1) \\ &= 2\,[1+\cos(4x+2)]\cos(2x+1) \end{aligned}$$

(*car pour tout réel a,* $\cos^2 a = \frac{1}{2}(1+\cos 2a)$)

$$\begin{aligned} v(x) &= 2\cos(2x+1) + 2\cos(4x+2)\cos(2x+1) \\ &= 2\cos(2x+1) + \cos(6x+3) + \cos(2x+1) \end{aligned}$$

(*car pour tous réels a et b,*

$$2\cos a\cos b = \cos(a+b) + \cos(a-b))$$

$$v(x) = 3\cos(2x+1) + \cos(6x+3)\,,$$

enfin, $v : x \mapsto 3\cos(2x+1) + \cos(6x+3)$.

En utilisant les propriétés de linéarité de la dérivation et les résultats de a), nous obtenons que **u et v sont infiniment dérivables sur $\mathbb{R}$ et que pour tout naturel n, on a :**

$$u^{(n)} : x \mapsto \frac{1}{2}\left[\sin\left(x + n\frac{\pi}{2}\right) + 2^n \sin\left(2x + n\frac{\pi}{2}\right) + 3^n \sin\left(3x + n\frac{\pi}{2}\right) + 4^n \sin\left(4x + n\frac{\pi}{2}\right)\right];$$

$$v^{(n)} : x \mapsto 3 \times 2^n \cos\left(2x + 1 + n\frac{\pi}{2}\right) + 6^n \cos\left(6x + 3 + n\frac{\pi}{2}\right).$$

6.7 1) $f : x \mapsto \frac{1}{x-2}$ et $g : x \mapsto \frac{1}{x+2}$.

f étant une fonction rationnelle dont l'ensemble de définition est $\mathbb{R}\setminus\{2\}$, elle est infiniment dérivable sur les intervalles $]-\infty\,;2[$ et $]2\,;+\infty[$ (Cf. énoncé 10.).

Pour tout réel x différent de 2,

$$f'(x) = -\frac{1}{(x-2)^2} = -(x-2)^{-2}\,,\quad f''(x) = 2(x-2)^{-3}\,.$$

Cela nous invite à démontrer par récurrence que, pour tout n de $\mathbb{N}^*$,

pour tout x de $\mathbb{R}\setminus\{2\}$, $f^{(n)}(x) = (-1)^n\, n!\,(x-2)^{-(n+1)}$.

— La propriété est vraie pour $n = 1$ car,
pour tout réel x différent de 2, $f'(x) = (-1)^1\, 1!\,(x-2)^{-(1+1)}$.

— Supposons la propriété vraie pour un naturel n et démontrons-la pour $n+1$.
Pour tout réel x différent de 2,

$$\begin{aligned} f^{(n+1)}(x) &= (f^{(n)})'(x) \\ &= (-1)^n\, n!\, [-(n+1)](x-2)^{-(n+1)-1} \\ &= (-1)^{n+1}(n+1)!\,(x-2)^{-[(n+1)+1]}. \end{aligned}$$

Nous avons donc démontré par récurrence :
pour tout naturel n non nul et pour tout réel x différent de 2, $f^{(n)}(x) = (-1)^n\, n!\,(x-2)^{-(n+1)}$.
On démontrerait de façon analogue que g est infiniment dérivable sur les intervalles $]-\infty\,;-2[$ et $]-2\,;+\infty[$ et que,
pour tout naturel n non nul, pour tout réel x différent de -2,

$$\mathbf{g^{(n)}(x) = (-1)^n\, n!\,(x+2)^{-(n+1)}}.$$

2) $h : x \mapsto \dfrac{3x^2+2x-12}{x^2-4}$.
a, b et c sont des réels ; pour tout réel x,

$$a(x^2-4)+b(x+2)+c(x-2) = ax^2+(b+c)x+2(-2a+b-c).$$

Les polynômes

$$x \mapsto a(x^2-4)+b(x+2)+c(x-2) \quad \text{et} \quad x \mapsto 3x^2+2x-12$$

sont égaux si et seulement si

$$\begin{cases} a=3 \\ b+c=2 \\ 2(-2a+b-c)=-12 \end{cases}, \quad \text{soit} \quad \begin{cases} a=3 \\ b=1 \\ c=1. \end{cases}$$

Il en résulte que, pour tout réel x,

$$3x^2+2x-12 = 3(x^2-4)+(x+2)+(x-2),$$

et donc, pour tout réel x différent de -2 et de 2,

$$h(x) = \frac{3(x^2-4)+(x+2)+(x-2)}{x^2-4} = 3+\frac{(x+2)+(x-2)}{(x+2)\times(x-2)}$$

$$h(x) = 3+\frac{1}{x-2}+\frac{1}{x+2} = 3+f(x)+g(x).$$

On en déduit que h est infiniment dérivable sur chacun des intervalles $]-\infty\,;-2[$, $]-2\,;2[$ et $]2\,;+\infty[$ et que **pour tout naturel n non nul, pour tout réel x différent de -2 et de 2,**

$$h^{(n)}(x) = f^{(n)}(x) + g^{(n)}(x),$$

soit
$$h^{(n)}(x) = (-1)^n\, n!\left[\frac{1}{(x-2)^{n+1}} + \frac{1}{(x+2)^{n+1}}\right].$$

6.8 *Encadrement de $x \mapsto e^x$ sur $\mathbb{R}_-$.*

Etudions le signe sur $\mathbb{R}_-$ de la fonction $\varphi : x \mapsto 1 + x + \frac{x^2}{2} - e^x$.

φ est infiniment dérivable sur $\mathbb{R}$ comme somme d'un polynôme et de la fonction $x \mapsto e^x$, infiniment dérivables sur $\mathbb{R}$, et, pour tout réel x,

$$\varphi'(x) = 1 + x - e^x,$$
$$\varphi''(x) = 1 - e^x.$$

$\varphi(0) = \varphi'(0) = \varphi''(0) = 0.$

- Pour tout x de $\mathbb{R}_-$, $\varphi''(x) \geqslant 0$,

car la fonction $x \mapsto e^x$ est croissante sur $\mathbb{R}$ et $e^0 = 1$.
Donc φ' est croissante sur $\mathbb{R}_-$ et, comme $\varphi'(0) = 0$,

- pour tout x de $\mathbb{R}_-$, $\varphi'(x) \leqslant 0$,

soit
$$1 + x \leqslant e^x.$$

φ est donc décroissante sur $\mathbb{R}_-$ et, comme $\varphi(0) = 0$,

- pour tout x de $\mathbb{R}_-$, $\varphi(x) \geqslant 0$,

soit
$$e^x \leqslant 1 + x + \frac{x^2}{2}.$$

Le tableau suivant résume les résultats concernant l'étude du sens de variation et du signe des fonctions φ'', φ' et φ.

x	$-\infty$		0
$\varphi''(x)$		$+$	0
$\varphi'(x)$		$\nearrow$ $-$	0
$\varphi(x)$		$\searrow$ $+$	0

Finalement, **pour tout x de $\mathbb{R}_-$,**

$$\mathbf{1 + x \leqslant e^x \leqslant 1 + x + \frac{x^2}{2}}.$$

On en déduit l'encadrement de $e^{-0,01}$ suivant :

$$1 - 0{,}01 \leqslant e^{-0{,}01} \leqslant 1 - 0{,}01 + 0{,}000\,05,$$

soit $$\mathbf{0{,}99 \leqslant e^{-0{,}01} \leqslant 0{,}990\,05}.$$

- *Autre méthode*

La fonction $x \mapsto e^x$ est continue sur $\mathbb{R}$ et, pour tout t de $\mathbb{R}_-$,

$$e^t \leqslant 1,$$

donc, pour tout x de $\mathbb{R}_-$,

$$\int_x^0 e^t \, dt \leqslant \int_x^0 dt,$$

soit $$1 - e^x \leqslant -x ;$$

on en déduit $$\int_x^0 (1 - e^t) \, dt \leqslant \int_x^0 -t \, dt,$$

soit $$-1 - x + e^x \leqslant \frac{x^2}{2},$$

et finalement, $$1 + x \leqslant e^x \leqslant 1 + x + \frac{x^2}{2}.$$

6.9 *Encadrement de $x \mapsto \cos x$*

Considérons la fonction $\varphi : x \mapsto 1 - \dfrac{x^2}{2} + \dfrac{x^4}{24} - \cos x$.

Par une méthode analogue à celle mise en œuvre dans l'exercice précédent, nous obtenons :

- φ est infiniment dérivable sur $\mathbb{R}$, et, pour tout réel x,

$$\varphi'(x) = -x + \frac{x^3}{6} + \sin x,$$
$$\varphi''(x) = -1 + \frac{x^2}{2} + \cos x,$$
$$\varphi^{(3)}(x) = x - \sin x,$$
$$\varphi^{(4)}(x) = 1 - \cos x, \quad \text{donc} \quad \varphi^{(4)}(x) \geqslant 0.$$

En remarquant que φ est paire (on en déduit d'ailleurs que φ' et $\varphi^{(3)}$ sont impaires et φ'' et $\varphi^{(4)}$ paires), il suffit d'étudier le sens de variation et le signe de φ, φ', φ'', $\varphi^{(3)}$ et $\varphi^{(4)}$ sur $\mathbb{R}_+$; le tableau suivant résume cette étude :

x	0	$+\infty$
$\varphi^{(4)}(x)$	0	$+$
$\varphi^{(3)}(x)$	0	$\nearrow$ $+$
$\varphi''(x)$	0	$\nearrow$ $+$
$\varphi'(x)$	0	$\nearrow$ $+$
$\varphi(x)$	0	$\nearrow$ $+$

Nous en déduisons que, pour tout réel x,

$$\varphi''(x) \geqslant 0 \quad \text{et} \quad \varphi(x) \geqslant 0,$$

soit : **pour tout réel *x*,**

$$\mathbf{1 - \frac{x^2}{2} \leqslant \cos x \leqslant 1 - \frac{x^2}{2} + \frac{x^4}{24}}.$$

7. Inégalité des accroissements finis

■ Propriété

Soient a et b des réels tels que $a < b$, et f une fonction dérivable sur le segment $[a\,;\,b]$.

$*$ S'il existe des réels m et M tels que :

$$m \leqslant f' \leqslant M \quad \text{sur} \quad [a\,;\,b],$$

alors
$$m \leqslant \frac{f(b) - f(a)}{b - a} \leqslant M.$$

$*$ S'il existe un réel M tel que :

$$|f'| \leqslant M \quad \text{sur} \quad [a\,;\,b],$$

alors
$$\left| \frac{f(b) - f(a)}{b - a} \right| \leqslant M.$$

ÉNONCÉS

7.1 En appliquant le théorème des inégalités des accroissements finis, déterminer un majorant de l'erreur commise en remplaçant $\sqrt{10\,001}$ par 100, puis donner une approximation fractionnaire de $\sqrt{10\,001}$ à 2×10^{-5} près.

7.2 En utilisant le théorème des inégalités des accroissements finis, démontrer que, pour tout réel x strictement positif,

$$1 - \frac{1}{x} \leqslant \ln x \leqslant x - 1\,.$$

7.3 *Une des applications les plus importantes du théorème des inégalités des accroissements finis concerne la recherche de valeurs approchées d'un point fixe d'une fonction (on se reportera avec profit à l'exercice 9.2).*
Approximation du point fixe de la fonction $x \mapsto \cos x$.

1) Montrer que, dans $[0\,;1]$, l'équation $\cos x = x$ admet une solution unique (notée α), et que c'est la seule solution de l'équation dans $\mathbb{R}$.

2) u est la suite définie par $u_0 = 0$ et, pour tout naturel n,

$$u_{n+1} = \cos u_n\,.$$

Montrer que pour tout naturel n, $0 \leqslant u_n \leqslant 1$,
et que si la suite u converge, alors sa limite est α.

3) Montrer que, pour tout naturel n,

$$|\,u_{n+1} - \alpha\,| \leqslant \sin 1 \times |\,u_n - \alpha\,|\,.$$

4) En déduire que la suite u converge vers α.

SOLUTIONS

7.1 Remarquons que $100 = \sqrt{10\,000}$; appelons f la fonction : $x \mapsto \sqrt{x}$.

$*$ f est strictement croissante sur $\mathbb{R}$, donc :

$$0 < \sqrt{10\,001} - \sqrt{10\,000}\,.$$

$*$ D'autre part, f est dérivable sur $\mathbb{R}_+^*$ et on a $f' : x \mapsto \dfrac{1}{2\sqrt{x}}$,

donc $\quad \dfrac{1}{2\sqrt{10\,001}} \leqslant f' \leqslant \dfrac{1}{2\sqrt{10\,000}} \quad$ sur $\quad [10\,000\,;\,10\,001\,]$,

d'où $\quad \dfrac{1}{201} \leqslant f' \leqslant \dfrac{1}{200}$ sur $[10\,000\,;\,10\,001\,]$ (car $201 \geqslant 2\sqrt{10\,001}$).

$*$ Appliquons le théorème des inégalités des accroissements finis à f sur le segment $[10\,000\,;\,10\,001\,]$; on obtient :

$$\frac{1}{201} \leqslant \frac{\sqrt{10\,001} - \sqrt{10\,000}}{10\,001 - 10\,000} \leqslant \frac{1}{200}\,,$$

d'où

$$\frac{1}{201} \leqslant \sqrt{10\,001} - 100 \leqslant \frac{1}{200}\,.$$

Des inégalités $0 < \sqrt{10\,001} - 100 \leqslant \dfrac{1}{200}$, on déduit que **100 est une approximation par défaut à 5×10^{-3} près de $\sqrt{10\,001}$.**

$*$ $\alpha = 100 + \dfrac{1}{2}\left(\dfrac{1}{201} + \dfrac{1}{200}\right) = \dfrac{8\,040\,401}{80\,400}$,

$\quad \beta = \dfrac{1}{2}\left(\dfrac{1}{200} - \dfrac{1}{201}\right) = \dfrac{1}{80\,400} \leqslant \dfrac{1}{80\,000} \leqslant 2 \times 10^{-5}$.

$\mathbf{\dfrac{8\,040\,401}{80\,400}}$ est donc une approximation fractionnaire de $\sqrt{10\,001}$ à 2×10^{-5} près.

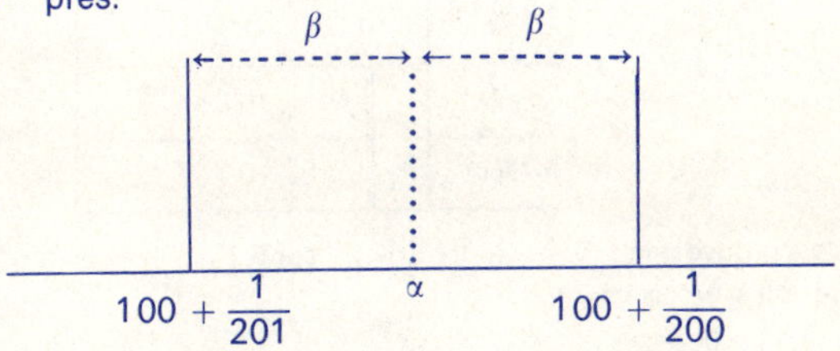

7.2 $*$ La fonction ln est définie et dérivable sur $\mathbb{R}_+^*$ et on a

$$\ln' : t \mapsto \frac{1}{t}\,.$$

Pour tout réel x strictement positif,

∗ si $x > 1$, alors $\frac{1}{x} \leqslant \ln' \leqslant 1$ sur $[1 ; x]$,

et en appliquant le théorème des inégalités des accroissements finis à f sur le segment $[1 ; x]$, on obtient :

$$\frac{1}{x} \leqslant \frac{\ln x - \ln 1}{x - 1} \leqslant 1 ,$$

soit
$$1 - \frac{1}{x} \leqslant \ln x \leqslant x - 1 ;$$

∗ si $x < 1$, alors $1 \leqslant \ln' \leqslant \frac{1}{x}$ sur $[x ; 1]$,

et, en appliquant le théorème des inégalités des accroissements finis à f sur le segment $[x ; 1]$, on obtient :

$$1 \leqslant \frac{\ln 1 - \ln x}{1 - x} \leqslant \frac{1}{x},$$

soit
$$1 - \frac{1}{x} \leqslant \ln x \leqslant x - 1 .$$

En remarquant que ces inégalités restent vérifiées pour $x = 1$, on obtient finalement :

Pour tout x de $\mathbb{R}_+^*$, $\quad \mathbf{1 - \frac{1}{x} \leqslant \ln x \leqslant x - 1}$ **.**

• *Autre façon*

On pouvait établir ce résultat en étudiant le signe de la fonction $\gamma : x \mapsto x - 1 - \ln x$.

γ est dérivable sur $\mathbb{R}_+^*$ et on a $\gamma' : x \mapsto \frac{x-1}{x}$.

On en déduit le tableau de variation de γ :

x	0	1	$+\infty$
$\gamma'(x)$	‖	− 0 +	
$\gamma(x)$	‖	↘ 0 ↗	

Cela prouve que : $\quad \gamma \geqslant 0$ sur $\mathbb{R}_+^*$

(et, plus précisément,

∗ $\gamma(1) = 0$,

∗ pour tout x de $]0 ; 1[\cup]1 ; +\infty[$, $\gamma(x) > 0$).

C'est-à-dire que, pour tout réel x strictement positif,

$$\ln x \leqslant x - 1 .$$

On en déduit $\qquad \ln \frac{1}{x} \leqslant \frac{1}{x} - 1$,

soit $\qquad 1 - \frac{1}{x} \leqslant \ln x$,

et finalement, $\qquad 1 - \frac{1}{x} \leqslant \ln x \leqslant x - 1$.

7.3 *Approximation du point fixe de la fonction $x \mapsto \cos x$.*

1) Les fonctions $x \mapsto \cos x$ et $x \mapsto -x$ étant continues et strictement décroissantes sur $[0\,;1]$, la fonction $f : x \mapsto \cos x - x$ est continue et strictement décroissante sur $[0\,;1]$.
f réalise donc une bijection de l'intervalle $[0\,;1]$ sur l'intervalle $[f(1)\,;f(0)]$, soit $[\cos 1 - 1\,;1]$.

Or $\qquad \cos 1 - 1 < 0 < 1$,

donc 0 admet un seul antécédent α par f dans $[0\,;1]$, ce qui prouve que, **dans $[0\,;1]$, l'équation $\cos x - x = 0$ admet α pour unique solution.**
Soit ℓ une solution dans $\mathbb{R}$ de l'équation $\cos x - x = 0$.

Comme $\qquad -1 \leqslant \cos \leqslant 1 \quad \text{sur } \mathbb{R}$,

on a $\qquad -1 \leqslant \ell \leqslant 1$.

Or $\qquad \cos \geqslant 0 \quad \text{sur } [-1\,;0]$,

donc $\qquad 0 \leqslant \ell \leqslant 1$.

α est donc l'unique solution dans $\mathbb{R}$ de l'équation $\cos x - x = 0$.

• *Autre façon*
On aurait pu étudier les variations de la fonction f:
f est dérivable sur $\mathbb{R}$ et on a $f' : x \mapsto -\sin x - 1$,

donc $\qquad f' \leqslant 0 \quad \text{sur } \mathbb{R}$,

et f' s'annule en les réels $-\frac{\pi}{2} + k\,2\,\pi$, k décrivant $\mathbb{Z}$.
f est donc strictement décroissante sur $\mathbb{R}$, ce qui prouve que f s'annule en au plus un réel α. On achève la démonstration comme précédemment.

2) En remarquant que :

$$0 \leqslant \cos \leqslant 1 \quad \text{sur } [0\,;1], \quad \text{car } [0\,;1] \subset \left[0\,;\frac{\pi}{2}\right],$$

une démonstration par récurrence élémentaire prouve que, **pour tout naturel n,**

$$\mathbf{0 \leqslant u_n \leqslant 1}.$$

Supposons que la suite u converge vers un réel ℓ, alors :
∗ la suite $(u_{n+1})_{n\in\mathbb{N}}$ converge vers le même réel (cf. ch. 8, énoncé 5) ;
∗ la fonction cos étant continue sur $\mathbb{R}$, donc en particulier en ℓ, la suite $\cos \circ u$, c'est-à-dire $(\cos u_n)_{n\in\mathbb{N}}$, converge vers $\cos \ell$ (cf. ch. 8, énoncé 4).
ℓ vérifie donc $\cos \ell = \ell$, ce qui prouve, d'après 1), que $\ell = \boldsymbol{\alpha}$.

3) La fonction cos est dérivable sur $\mathbb{R}$, donc en particulier sur $[0\,;1]$, et $\cos' = -\sin$;
or la fonction $-\sin$ est décroissante sur $[0\,;1]$,

donc $$0 = \sin 0 \leqslant -\sin \leqslant \sin 1 \quad \text{sur } [0\,;1],$$

d'où $$|\cos'| \leqslant \sin 1 \quad \text{sur } [0\,;1].$$

Pour tout naturel n, α et u_n appartiennent à $[0\,;1]$.
On peut appliquer le théorème des inégalités des accroissements finis à la fonction cos sur le segment d'extrémités α et u_n :

$$|\cos u_n - \cos \alpha| \leqslant |u_n - \alpha| \sin 1,$$

donc pour tout n de $\mathbb{N}$ $$\boldsymbol{|u_{n+1} - \alpha| \leqslant |u_n - \alpha| \sin 1}.$$

4) Une démonstration par récurrence élémentaire prouve que, pour tout naturel n,

$$|u_n - \alpha| \leqslant |u_0 - \alpha| \sin^n 1,$$

soit $$|u_n - \alpha| \leqslant \alpha \sin^n 1.$$

Or $0 < \sin 1 < 1$, donc $\lim\limits_{n \to +\infty} (\sin 1)^n = 0$, ce qui prouve que **la suite u converge vers α.**

Remarque
La suite u converge vers le point fixe de la fonction cos *car*
∗ u_0 *appartient à l'intervalle* $[0\,;1]$ *et cet intervalle est stable par la fonction* cos,
∗ *la valeur absolue de la dérivée de la fonction* cos *est majorée sur* $[0\,;1]$ *par un réel strictement inférieur à* 1.

SUITES NUMÉRIQUES

Quelques approximations de π par des suites

- $$\pi = \frac{2}{\sqrt{\frac{1}{2}} \cdot \sqrt{\frac{1}{2}+\frac{1}{2}\sqrt{\frac{1}{2}}} \cdot \sqrt{\frac{1}{2}+\frac{1}{2}\sqrt{\frac{1}{2}+\frac{1}{2}\sqrt{\frac{1}{2}}}} \cdots}.$$

François Viète, mathématicien français (1540-1603).
Les points de suspension indiquent que l'on considère la limite d'une suite.

- $$\frac{\pi}{2} = \frac{2 \times 2}{1 \times 3} \times \frac{4 \times 4}{3 \times 5} \times \cdots \times \frac{2\,k \times 2\,k}{(2\,k-1)(2\,k+1)} \times \cdots$$

John Wallis, mathématicien anglais (1616-1703).

- $$\frac{\pi}{4} = \cfrac{1}{1 + \cfrac{1^2}{2 + \cfrac{3^2}{2 + \cfrac{5^2}{2 + \cdots}}}}.$$

Lord William Brouncker, Anglais ami de Wallis (1620-1684).

- $$\frac{\pi}{4} = \frac{1}{1} - \frac{1}{3} + \frac{1}{5} - \frac{1}{7} + \frac{1}{9} + \cdots + \frac{(-1)^k}{2\,k+1} + \cdots$$

Gottfried Wilhelm Leibniz, mathématicien allemand (1646-1716).

- $$\frac{\pi}{6} = \frac{1}{2} + \frac{1}{2}\frac{1}{3}\frac{1}{2^3} + \frac{1 \times 3}{2 \times 4}\frac{1}{5}\frac{1}{2^5} + \frac{1 \times 3 \times 5}{2 \times 4 \times 6}\frac{1}{7}\frac{1}{2^7} + \cdots$$

Isaac Newton, mathématicien anglais (1642-1727).

- $$\frac{\pi^2}{6} = \frac{1}{1^2} + \frac{1}{2^2} + \frac{1}{3^2} + \frac{1}{4^2} + \cdots + \frac{1}{k^2} + \cdots$$

$$\frac{\pi^2}{12} = \frac{1}{1^2} - \frac{1}{2^2} + \frac{1}{3^2} - \frac{1}{4^2} + \cdots + (-1)^{k+1}\frac{1}{k^2} + \cdots$$

$$\frac{\pi^6}{945} = \frac{1}{1^6} + \frac{1}{2^6} + \frac{1}{3^6} + \frac{1}{4^6} + \cdots + \frac{1}{k^6} + \cdots$$

Jacques Bernoulli, mathématicien suisse (1654-1705),
Leonhard Euler, mathématicien suisse (1707-1783).

8. Suites réelles

Définition d'une suite

- Soit E un ensemble. On appelle **suite** à valeurs dans E, ou suite d'éléments de E, toute fonction u définie sur $\mathbb{N}$ et à valeurs dans E :

$$\begin{aligned} \mathbb{N} &\overset{u}{\to} E \\ n &\mapsto u(n). \end{aligned}$$

$u(n)$ est noté u_n, d'où :

$$\begin{aligned} \mathbb{N} &\overset{u}{\to} E \\ n &\mapsto u_n. \end{aligned}$$

La suite u peut être notée $(u_n)_{n \in \mathbb{N}}$ ou (u_n) ou $n \mapsto u_n$.

— *Ne pas confondre (u_n) qui est une suite, et u_n qui est un élément de E.*

— *On définit aussi des suites qui sont des fonctions définies sur $\mathbb{N}^*$ et à valeurs dans E, ou, plus généralement, pour p de $\mathbb{N}$, définies sur $\mathbb{N} \setminus \{0 ; ... ; p\}$ et à valeurs dans E. Ces cas peuvent être ramenés au cas précédent.*

Dans ce qui suit, $E = \mathbb{R}$, et on dira « **suite réelle** », ou, plus simplement, « suite ».

Comparaison et opérations

La comparaison de deux suites réelles u et v, leur somme, leur produit, et le produit d'une suite u par le réel λ sont définis comme pour toute application :

$u = v$ si et seulement si pour tout naturel n, $u_n = v_n$;

$u \leqslant v$ si et seulement si pour tout naturel n, $u_n \leqslant v_n$;

et, pour tout naturel n,

$$\begin{aligned} (u+v)(n) &= u(n) + v(n), \quad \text{soit} \quad (u+v)_n = u_n + v_n ; \\ (uv)(n) &= u(n)\,v(n), \quad \text{soit} \quad (uv)_n = u_n\,v_n ; \\ (\lambda u)(n) &= \lambda u(n), \quad \text{soit} \quad (\lambda u)_n = \lambda u_n. \end{aligned}$$

Suites monotones

■ Définition
Une suite u est **croissante** si et seulement si l'application u l'est.

■ Propriété
Une suite u est **croissante** si et seulement si, pour tout naturel n, $u_n \leqslant u_{n+1}$.
De même, une suite u est respectivement :
strictement croissante si et seulement si, pour tout naturel n, $u_n < u_{n+1}$;
décroissante si et seulement si, pour tout naturel n, $u_n \geqslant u_{n+1}$;
strictement décroissante si et seulement si, pour tout naturel n, $u_n > u_{n+1}$.

■ Définition
Une suite est **monotone** si et seulement si c'est une suite croissante ou une suite décroissante.

Suites majorées, suites minorées

■ Définitions
Une suite u est **minorée** si et seulement si l'ensemble des réels u_n est minoré, c'est-à-dire si et seulement s'il existe un réel m tel que, pour tout naturel n, $m \leqslant u_n$.
Une suite u est **majorée** si et seulement s'il existe un réel M tel que, pour tout naturel n, $u_n \leqslant M$.
Une suite est **bornée** si et seulement si elle est minorée et majorée.

■ Propriété
Une suite u est bornée si et seulement si la suite $|u|$ est majorée.

Suites convergentes, suites divergentes

■ Définition
Une suite est **convergente** si et seulement si elle a une limite réelle.

Une suite est **divergente** si et seulement si elle n'est pas convergente (c'est-à-dire si sa limite est $-\infty$ ou $+\infty$, ou si elle n'a pas de limite).

■ Suites et inégalités

Enoncés 1

(1a) Si une suite u convergente est majorée par un réel M, alors

$$\lim_{+\infty} u \leqslant M.$$

(1b) Si une suite u convergente est minorée par un réel m, alors

$$m \leqslant \lim_{+\infty} u.$$

(1c) Pour toutes suites convergentes u et v, si $u \leqslant v$ alors

$$\lim_{+\infty} u \leqslant \lim_{+\infty} v.$$

(1d) Pour toutes suites u, v, w telles que $u \leqslant v \leqslant w$, si u et w sont convergentes et ont la même limite ℓ, alors v est convergente et a la même limite ℓ.

■ Suite extraite

Définition

La suite v est une **suite extraite** de la suite u si et seulement si il existe une application ψ strictement croissante de $\mathbb{N}$ dans $\mathbb{N}$ telle que, pour tout naturel n,

$$v_n = u_{\psi(n)}.$$

Exemples :

$$n \mapsto u_{2n}, \quad n \mapsto u_{2n+1}.$$

Enoncé 2. Toute suite extraite d'une suite convergente est convergente, et a même limite que la suite dont elle est extraite.

■ Propriétés algébriques des suites convergentes

Enoncé 3. Pour toutes suites convergentes u et v,

- pour tout réel λ, λu est convergente, et

$$\lim_{+\infty} (\lambda u) = \lambda \lim_{+\infty} u\,;$$

- $u + v$ est convergente, et

$$\lim_{+\infty} (u + v) = \lim_{+\infty} u + \lim_{+\infty} v\,;$$

- uv est convergente, et

$$\lim_{+\infty} (uv) = \left(\lim_{+\infty} u\right)\left(\lim_{+\infty} v\right);$$

- si la suite $\frac{u}{v}$ existe et si $\lim_{+\infty} v \neq 0$, alors $\frac{u}{v}$ est convergente

et

$$\lim_{+\infty} \frac{u}{v} = \frac{\lim_{+\infty} u}{\lim_{+\infty} v}\,;$$

- $|u|$ est convergente, et

$$\lim_{+\infty} |u| = \left|\lim_{+\infty} u\right|.$$

■ Suites convergeant vers 0

Enoncé 4. Pour toutes suites u et v, si u converge vers 0 et si v est bornée, alors uv converge vers 0.

■ Suites divergeant vers $-\infty$ ou $+\infty$

Enoncés 5. Soient des suites u et v.

(5a) Si $u \leqslant v$ et si $\lim_{+\infty} u = +\infty$ alors $\lim_{+\infty} v = +\infty$.

(5b) Si $u \leqslant v$ et si $\lim_{+\infty} v = -\infty$ alors $\lim_{+\infty} u = -\infty$.

Enoncés 6. Soient des suites u et v.

(6a) u diverge vers $+\infty$ si et seulement si $-u$ diverge vers $-\infty$.

(6b) Pour tout réel λ strictement positif, si u diverge vers $+\infty$ (respectivement $-\infty$) alors λu diverge vers $+\infty$ (respectivement vers $-\infty$).

(6c) Si u diverge vers $+\infty$ (respectivement $-\infty$) et si v est bornée, alors $u+v$ diverge vers $+\infty$ (respectivement $-\infty$).

(6d) Si u diverge vers $+\infty$ (respectivement $-\infty$) et si v est minorée par un réel strictement positif, alors uv diverge vers $+\infty$ (respectivement $-\infty$).

■ Suites $(f(u_n))_{n\in\mathbb{N}}$

Enoncé 7. Soient f une fonction définie sur un intervalle I et u une suite d'éléments de I;

si $\lim\limits_{+\infty} u = a$ (a étant un réel, ou $+\infty$ ou $-\infty$) et

si $\lim\limits_{a} f = \ell$ (ℓ étant un réel, ou $+\infty$ ou $-\infty$),

alors la suite $f \circ u$ admet ℓ pour limite, c'est-à-dire :

$$\lim_{n\to+\infty} f(u_n) = \ell\,.$$

ÉNONCÉS

8.1 *Somme des cubes des naturels successifs*
On présente les naturels impairs successifs de la manière suivante :

1			
3	5		
7	9	11	
13	15	17	19
....	....	....	....

Soit n un naturel non nul.

1) Combien de naturels comprend la n-ième ligne ?
Quels sont le premier naturel u_n et le dernier v_n de la n-ième ligne ?

2) a) Calculer la somme T_n des naturels de la n-ième ligne.
b) Calculer la somme S_n de tous les naturels écrits sur les n premières lignes. En déduire :

$$1^3 + 2^3 + \cdots + n^3 = \frac{n^2(n+1)^2}{4} = (1 + 2 + \cdots + n)^2 .$$

Vrai ou faux ?

8.2 1) Toute suite réelle bornée est-elle convergente ?

2) Toute suite réelle strictement croissante a-t-elle $+\infty$ pour limite ?

3) Toute suite réelle positive et non majorée a-t-elle $+\infty$ pour limite ?

4) Toute suite décroissante et minorée par 0 converge-t-elle vers 0 ?

5) Toute suite réelle croissante et majorée est-elle bornée ?

6) On suppose que les suites réelles u et v convergent et vérifient : pour tout naturel n, $u_n < v_n$.
Est-il vrai que :

$$\lim_{+\infty} u < \lim_{+\infty} v \, ?$$

8.3 Etudier le sens de variation de la suite $u : n \mapsto \dfrac{3n+5}{n+1}$.

8.4 Même exercice avec $u : n \mapsto \dfrac{5^n}{n!}$.

8.5 Déterminer un majorant et un minorant de la suite

$$u : n \mapsto \frac{-3 + e^{-n}}{2 + \sin n}.$$

8.6 u est la suite définie par

$$u_0 = 1 \quad \text{et, pour tout naturel } n,$$

$$u_{n+1} = \frac{u_n}{\sqrt{u_n^2 + 1}}.$$

Exprimer son terme général u_n en fonction du naturel n.

8.7 u est la suite $n \mapsto \sqrt{n+1} - \sqrt{n}$.
Montrer que, pour tout naturel n non nul,

$$0 < u_n < \frac{1}{2\sqrt{n}}.$$

Que peut-on en déduire concernant la suite u ?

8.8 Dans les exercices suivants, on demande d'étudier la convergence et de déterminer la limite éventuelle de la suite u.

1) $u : n \mapsto \dfrac{1}{n} \cos \dfrac{n\pi}{3}$.

2) $u : n \mapsto \cos \dfrac{\pi}{3}$.

3) $u : n \mapsto \cos \dfrac{\pi}{3n}$.

4) $u : n \mapsto \cos \dfrac{n\pi}{3}$.

5) $u : n \mapsto n \left| \cos \dfrac{n\pi}{3} \right|$.

8.9 Mêmes exercices avec :

6) $u : n \mapsto \dfrac{3^n - 2^n}{3^n + 2^n}$.

7) $u : n \mapsto \dfrac{3n^2 + 2n + 1}{5n - 3}$.

8) $u : n \mapsto \dfrac{n^2 + \sin n}{3n^2 + \cos 3n}$.

9) $u : n \mapsto \dfrac{n}{n^2 + \ln n^3}$.

10) $u : n \mapsto \dfrac{e^{-n}}{n^3 + \ln n}$.

8.10 u est la suite $n \mapsto \sqrt{n^2+n} - n$.

1) Donner l'approximation décimale, obtenue à l'affichage d'une calculatrice, des réels u_1, u_2, u_3, u_4 puis u_{10^n} pour les naturels n tels que $1 \leqslant n \leqslant 12$.
Quelle semble être la limite de u ?

2) Démontrer que u est convergente et déterminer sa limite ; comment interpréter les résultats de la première question ?

8.11 u est la suite définie sur $\mathbb{N}^*$ par :

$u_1 = 3$, et, pour tout naturel n non nul, $u_{n+1} = \frac{1}{2} u_n - 1$.

1) A l'aide d'une calculatrice, donner la valeur décimale approchée à 10^{-2} près par excès de u_2, u_3, u_4, u_5, u_{10}, u_{30}, u_{35}, u_{40}, u_{100}.

2) Quelle semble être la limite de u ?

3) Le plan étant rapporté à un repère orthonormal (unité : 4 cm), construire les droites d'équations $y = \frac{1}{2}x - 1$ et $y = x$.

En utilisant ces droites, placer sur l'axe des abscisses les points d'abscisses respectives u_1, u_2, u_3, u_4, u_5 et vérifier graphiquement la conjecture formulée à la question précédente.

4) Démontrer que u converge effectivement vers le réel trouvé à la question 2).

8.12 On définit les suites réelles u et v par :

$$u_0 = 1\,, \quad v_0 = 2\,, \quad \text{et, pour tout naturel } n,$$

$$u_{n+1} = \frac{u_n + 2\,v_n}{3}\,, \quad v_{n+1} = \frac{u_n + 4\,v_n}{5}\,.$$

1) Démontrer que si les suites u et v convergent respectivement vers les réels ℓ et ℓ', alors $\ell = \ell'$.

2) On pose : $w = v - u$. Démontrer que w est une suite géométrique, préciser sa limite éventuelle et exprimer son terme général w_n en fonction du naturel n.

3) Exprimer, pour tout naturel n, les réels $u_{n+1} - u_n$ et $v_{n+1} - v_n$ en fonction de w_n. En déduire le sens de variation des suites u et v.

4) On pose : $t = 3\,u + 10\,v$.

a) Démontrer que la suite t est constante. Si les suites u et v convergent, quelle est leur limite commune ?

b) En déduire une relation entre les réels u_n et w_n, vérifiée pour tout naturel n.

5) Démontrer que les suites u et v convergent.

8.13 *Diabolo-menthe*

En face de vous, disposez quatre verres identiques, en rang.
Remplissez le premier verre à partir de la gauche de limonade, et le deuxième verre, de sirop de menthe.
* Dans le troisième verre, versez deux tiers du contenu du premier verre, et un tiers du contenu du deuxième verre. Mélangez bien le tout.
Dans le quatrième verre, versez tout ce qui reste dans les deux premiers verres. Mélangez bien le tout.
Faites passer les deux premiers verres, qui sont alors vides, à droite des deux autres verres *.
Recommencez indéfiniment l'opération décrite de * à *.
A la fin des fins, si vous n'avez pas tout renversé, quelle est la proportion de sirop de menthe dans chacun des deux verres pleins ?
On pourra exprimer les proportions u_{n+1} et v_{n+1} de sirop de menthe dans chacun des deux verres pleins, après la $(n+1)$-ième opération, en fonction des proportions u_n et v_n de sirop de menthe dans chacun des deux verres pleins après la n-ième opération.

8.14 Dans cet exercice, p désigne un naturel tel que $p \geqslant 2$;
f_p est la fonction $x \mapsto x^p + \cdots + x^2 + x - 1$.

1) a) Démontrer que, dans $]0 ; 1[$, le polynôme f_p admet une seule racine ; on notera r_p ce réel.
b) Déterminer le signe de $f_{p+1}(r_p)$.
En déduire que la suite $(r_n)_{n \in \mathbb{N} \setminus \{0;1\}}$ est convergente.

2) a) Démontrer que pour tout réel x distinct de 1,

$$f_p(x) = \frac{x^{p+1} - 2x + 1}{x - 1}.$$

b) En déduire la limite de la suite $(r_n)_{n \in \mathbb{N} \setminus \{0;1\}}$.

SOLUTIONS

8.1 n est un naturel non nul.

1) • Par construction, **la n-ième ligne comprend n naturels.**

• Cherchons à exprimer u_n en fonction de n :

$u_1 = 1$;
$u_2 = 1 + 2$;
$u_3 = 1 + 2 + 2 \times 2$;

$\vdots$

$u_n = 1 + 2 + 2 \times 2 + \cdots + 2 \times (n-1)$, donc
$u_n = 1 + 2[1 + 2 + \cdots + (n-1)] = 1 + n(n-1)$

(*car la somme des $n-1$ premiers naturels non nuls est* $\dfrac{n(n-1)}{2}$,

soit

$$\boldsymbol{u_n = n^2 - n + 1}\,.$$

• v_n est l'entier impair précédant u_{n+1}, donc

$$v_n = u_{n+1} - 2 = n(n+1) - 1, \quad \text{soit}$$
$$\boldsymbol{v_n = n^2 + n - 1}\,.$$

• *Remarques*

— Pour mettre en évidence le procédé de construction de u_n, nous avons supposé $n \geqslant 4$. Le résultat reste valable pour $1 \leqslant n \leqslant 3$.

— Pour davantage de rigueur, il nous faudrait démontrer par récurrence que, **pour tout naturel n non nul, $u_n = n^2 - n + 1$ et $v_n = n^2 + n - 1$,** *ce qui ne présente aucune difficulté.*

2) a) La somme T_n des naturels de la n-ième ligne est la somme de n termes consécutifs, dont le premier est u_n et le n-ième v_n, d'une suite arithmétique, donc :

$$T_n = \frac{n}{2}(u_n + v_n), \quad \text{soit} \quad \boldsymbol{T_n = n^3}\,.$$

b) Le nombre total de naturels écrits sur les n premières lignes est la somme des n premiers naturels non nuls, soit $\dfrac{n(n+1)}{2}$.

La somme S_n de tous les naturels écrits sur les n premières lignes est donc la somme de $\frac{n(n+1)}{2}$ termes consécutifs, dont le premier est 1 et le dernier v_n, d'une suite arithmétique :

$$S_n = \frac{n(n+1)}{2 \times 2}(1 + v_n), \text{ soit}$$

$$\boldsymbol{S_n = \frac{n^2(n+1)^2}{4}} = \left[\frac{n(n+1)}{2}\right]^2, \quad \text{donc} \quad \boldsymbol{S_n = (1 + 2 + \cdots + n)^2}.$$

La somme des T_k, le naturel k variant de 1 à n, étant égale à S_n, nous en déduisons :

$$T_1 + T_2 + \cdots + T_n = S_n,$$

c'est-à-dire, **pour tout naturel n non nul,**

$$\boldsymbol{1^3 + 2^3 + \cdots + n^3 = \frac{n^2(n+1)^2}{4} = (1 + 2 + \cdots + n)^2.}$$

Vrai ou faux ?

8.2 1) **Faux.** Par exemple, soit u la suite $n \mapsto (-1)^n$.

Si n est pair : $u_n = 1$.
Si n est impair : $u_n = -1$.
Donc u est bornée par -1 et 1.
Mais u n'a pas de limite, donc u n'est pas convergente.
En effet, si u avait une limite, alors toutes les suites extraites de u auraient la même limite que u.
Pour tout n de $\mathbb{N}$, $u_{2n} = (-1)^{2n} = 1$ (*car* $2n$ *est pair*),
donc $$\lim_{n \to +\infty} u_{2n} = 1 ;$$
pour tout n de $\mathbb{N}$, $u_{2n+1} = (-1)^{2n+1} = -1$ (*car* $2n+1$ *est impair*),
d'où $$\lim_{n \to +\infty} u_{2n+1} = -1 .$$

Donc **les suites réelles bornées ne sont pas toutes convergentes.**

2) **Faux.** Par exemple, soit u la suite :

$$n \mapsto 1 - \frac{1}{n+1}.$$

Pour tout naturel n :

$$u_{n+1} = 1 - \frac{1}{n+2},$$

or : $n+1 < n+2$,

donc : $\frac{1}{n+2} < \frac{1}{n+1}$

(car deux réels non nuls de même signe sont rangés dans l'ordre contraire à celui de leurs inverses),

d'où : $-\frac{1}{n+1} < -\frac{1}{n+2}$;

donc $1 - \frac{1}{n+1} < 1 - \frac{1}{n+2}$;

il vient : pour tout n de $\mathbb{N}$, $u_n < u_{n+1}$.
Donc u est strictement croissante.
D'autre part, $\lim\limits_{+\infty} u = 1 - 0 = 1$, donc u est convergente.

Donc **les suites réelles strictement croissantes n'admettent pas toutes $+\infty$ pour limite.**

• *Remarque*
On démontre que toute suite réelle croissante et non majorée admet $+\infty$ pour limite et que toute suite réelle croissante et majorée est convergente. En particulier, toute suite réelle strictement croissante et majorée est convergente.

3) **Faux.** Par exemple, soit la suite u définie sur $\mathbb{N}$ par :

$$u_{2n} = n \quad \text{et} \quad u_{2n+1} = 1 .$$

Alors pour tout n de $\mathbb{N}$: $u_n \geqslant 0$

et $$\lim_{n \to +\infty} u_{2n} = +\infty ,$$

donc la suite u n'est pas majorée.
Plus précisément, u n'est pas majorée car pour tout réel M, il existe un naturel p tel que : $u_p \geqslant M$.

En effet : pour tout réel M, il existe au moins un entier q tel que $q \geqslant M$. Or $u_{2q} = q$, donc $u_{2q} \geqslant M$ et $p = 2q$ convient.
La suite u est donc positive et non majorée.
Si la suite u avait une limite finie ou infinie, on aurait :

$$\lim_{n \to +\infty} u_{2n} = \lim_{n \to +\infty} u_{2n+1} .$$

Or $$\lim_{n \to +\infty} u_{2n} = +\infty \quad \text{et} \quad \lim_{n \to +\infty} u_{2n+1} = 1 ,$$

donc la suite u n'a pas de limite.
Donc **les suites positives et non majorées n'ont pas toutes $+\infty$ pour limite.**

• *Remarque*
On démontre que toute suite croissante et non majorée admet $+\infty$ pour limite.

4) **Faux.** Par exemple, soit u la suite $n \mapsto 1 + \dfrac{1}{n+1}$.

Pour tout naturel n,

$$* \ u_n \geqslant 0,$$

la suite est donc minorée par 0 ;

$$* \ \frac{1}{n+2} < \frac{1}{n+1},$$

donc $$u_{n+1} < u_n \,;$$

la suite u est décroissante.

Or $$\lim_{+\infty} u = 1\,,$$

donc u ne converge pas vers 0.
Donc **les suites décroissantes et minorées par 0 ne convergent pas toutes vers 0.**

• *Remarque*
On démontre que toute suite réelle décroissante et minorée est convergente. Si une telle suite est minorée par 0, *sa limite est positive ou nulle.*

5) **Vrai.**
Soit u une suite croissante et majorée par un réel M ;
• u est croissante, donc, pour tout naturel n :

$$u_0 \leqslant u_n\,.$$

• u est majorée par M, donc, pour tout naturel n :

$$u_n \leqslant M\,.$$

On a donc : pour tout n de $\mathbb{N}$, $u_0 \leqslant u_n \leqslant M$,
ce qui prouve que u est bornée.
Donc **toute suite réelle croissante et majorée est bornée.**

6) **Faux.** Par exemple, soit u la suite constante nulle et v la suite

$$n \mapsto \frac{1}{n+1}\,.$$

On a bien : pour tout n de $\mathbb{N}$, $u_n < v_n$,

et :
$$\lim_{+\infty} u = \lim_{+\infty} v = 0\,.$$

La condition « u et v sont des suites réelles convergentes telles que, pour tout naturel n, $u_n < v_n$ » ne permet donc pas de conclure à :

$$\lim_{+\infty} u < \lim_{+\infty} v\,;$$

on a seulement
$$\lim_{+\infty} u \leqslant \lim_{+\infty} v\,.$$

8.3 $u : n \mapsto \dfrac{3\,n+5}{n+1}$.

La suite u est définie sur $\mathbb{N}$ et, pour tout naturel n,

$$\begin{aligned} u_{n+1} - u_n &= \frac{3(n+1)+5}{(n+1)+1} - \frac{3\,n+5}{n+1} \\ &= \frac{(3\,n+8)(n+1) - (3\,n+5)(n+2)}{(n+2)(n+1)} \\ &= -\frac{2}{(n+2)(n+1)}\,; \end{aligned}$$

$$u_{n+1} - u_n < 0\,.$$

La suite u est donc strictement décroissante.

• *Remarque*

Pour tout naturel n, $u_n = \dfrac{3(n+1)+2}{n+1} = 3 + \dfrac{2}{n+1}$.

La suite u est donc la somme de la suite constante $n \mapsto 3$ et de la suite strictement décroissante $n \mapsto \dfrac{2}{n+1}$.

8.4 $u : n \mapsto \dfrac{5^n}{n!}$.

La suite u est définie sur $\mathbb{N}$ et pour tout naturel n,

$$\begin{aligned} u_{n+1} - u_n &= \frac{5^{n+1}}{(n+1)!} - \frac{5^n}{n!} \\ &= \frac{5^n}{(n+1)!}(4-n)\,. \end{aligned}$$

On en déduit que :

$$\text{si } n < 4, \quad \text{alors } u_{n+1} - u_n > 0 ;$$
$$\text{si } n = 4, \quad \text{alors } u_{n+1} = u_n ;$$
$$\text{si } n > 4, \quad \text{alors } u_{n+1} - u_n < 0 .$$

La suite u n'est donc pas monotone, mais la suite $(u_n)_{n \geqslant 5}$ est strictement décroissante.

On dit parfois que la suite u est strictement décroissante à partir du rang 5.

8.5 $u : n \mapsto \dfrac{-3 + e^{-n}}{2 + \sin n}$.

Pour tout naturel n,

$$0 \leqslant e^{-n} \leqslant 1 \qquad \text{et} \quad -1 \leqslant \sin n \leqslant 1 ;$$

$$2 \leqslant 3 - e^{-n} \leqslant 3 \quad \text{et} \quad 1 \leqslant 2 + \sin n \leqslant 3 ;$$

des réels non nuls de même signe sont rangés dans l'ordre contraire à celui de leurs inverses ; on obtient :

$$\frac{1}{3} \leqslant \frac{1}{2 + \sin n} \leqslant 1 ;$$

on peut multiplier membre à membre des inégalités de même sens portant sur des réels positifs, d'où :

$$\frac{2}{3} \leqslant \frac{3 - e^{-n}}{2 + \sin n} \leqslant 3 ;$$

des réels sont rangés dans l'ordre contraire à celui de leurs opposés ; il vient finalement :

la suite u est définie sur $\mathbb{N}$, et pour tout naturel n,

$$-3 \leqslant u_n \leqslant -\frac{2}{3}.$$

8.6 $u_0 = 1$ et $u_{n+1} = \dfrac{u_n}{\sqrt{u_n^2 + 1}}$.

On obtient après calcul : $u_1 = \dfrac{1}{\sqrt{2}}$, $u_2 = \dfrac{1}{\sqrt{3}}$, $u_3 = \dfrac{1}{\sqrt{4}}$, ce qui nous invite à démontrer par récurrence que, pour tout naturel n,

$$u_n = \frac{1}{\sqrt{n+1}}.$$

- La propriété est vraie pour $n = 0$ car $u_0 = 1 = \dfrac{1}{\sqrt{0+1}}$.
- Supposons la propriété vraie pour un naturel n, c'est-à-dire $u_n = \dfrac{1}{\sqrt{n+1}}$ et démontrons-la pour $n + 1$:

$$u_{n+1} = \frac{1}{\sqrt{n+1}} \times \frac{1}{\sqrt{\dfrac{1}{n+1}+1}},$$

$$u_{n+1} = \frac{1}{\sqrt{\dfrac{n+1}{n+1}+n+1}},$$

$$u_{n+1} = \frac{1}{\sqrt{(n+1)+1}}.$$

D'après le principe de récurrence, nous avons démontré que **pour tout naturel n, $u_n = \dfrac{1}{\sqrt{n+1}}$.**

8.7 $u : n \mapsto \sqrt{n+1} - \sqrt{n}$.

La suite u est définie sur $\mathbb{N}$ et, pour tout naturel n non nul,

$$0 < n < n+1,$$

donc $$0 < \sqrt{n} < \sqrt{n+1} \quad (1)$$

(car la fonction racine carrée est strictement croissante sur $\mathbb{R}_+$),

d'où $$0 < u_n ;$$

en utilisant « l'expression conjuguée », on obtient :

$$u_n = \frac{(\sqrt{n+1} - \sqrt{n})(\sqrt{n+1} + \sqrt{n})}{\sqrt{n+1} + \sqrt{n}}$$

$$= \frac{1}{\sqrt{n+1} + \sqrt{n}},$$

or d'après (1), $$\sqrt{n+1} + \sqrt{n} > 2\sqrt{n} > 0,$$

donc $$u_n < \frac{1}{2\sqrt{n}}.$$

On obtient : **pour tout n de $\mathbb{N}^*$, $0 < u_n < \dfrac{1}{2\sqrt{n}}$.**

Comme $\lim\limits_{n \to +\infty} \dfrac{1}{2\sqrt{n}} = 0$, on obtient : **$\lim\limits_{+\infty} u = 0$.**

8.8 1) $u : n \mapsto \frac{1}{n} \cos \frac{n\pi}{3}$.

La suite u est définie sur $\mathbb{N}^*$, et pour tout naturel n,

$$-1 \leqslant \cos \frac{n\pi}{3} \leqslant 1, \quad \text{donc, si de plus } n \neq 0,$$

$$-\frac{1}{n} \leqslant u_n \leqslant \frac{1}{n}.$$

De $\lim\limits_{n \to +\infty} \frac{1}{n} = 0$, on déduit que **$u$ converge vers 0** (cf. énoncé 1d).

- *Remarque*

u est le produit de la suite $n \mapsto \frac{1}{n}$, qui converge vers 0, *par la suite bornée $n \mapsto \cos \frac{n\pi}{3}$ (cf. énoncé* 4).

2) $u : n \mapsto \cos \frac{\pi}{3}$.

La suite u est une suite constante, donc **convergente et**

$$\lim_{+\infty} u = \cos \frac{\pi}{3} = \frac{1}{2}.$$

3) $u : n \mapsto \cos \frac{\pi}{3n}$.

La suite u est définie sur $\mathbb{N}^*$.

$$\lim_{n \to +\infty} \frac{\pi}{3n} = 0,$$

d'autre part, la fonction cosinus est définie sur $\mathbb{R}$ et admet pour limite 1 en 0 (continuité de la fonction cosinus en 0 et $\cos 0 = 1$). On en déduit que **u est convergente et que $\lim\limits_{+\infty} u = 1$** (cf. énoncé 7).

4) $u : n \mapsto \cos \frac{n\pi}{3}$.

La suite u est définie sur $\mathbb{N}$ et :

$$\begin{cases} u_0 = u_6 = u_{12} = \cdots = 1 \\ u_1 = u_7 = u_{13} = \cdots = \frac{1}{2} \\ u_2 = u_8 = u_{14} = \cdots = -\frac{1}{2} \\ u_3 = u_9 = u_{15} = \cdots = -1 \\ u_4 = u_{10} = u_{16} = \cdots = -\frac{1}{2} \\ u_5 = u_{11} = u_{17} = \cdots = \frac{1}{2} \end{cases}$$

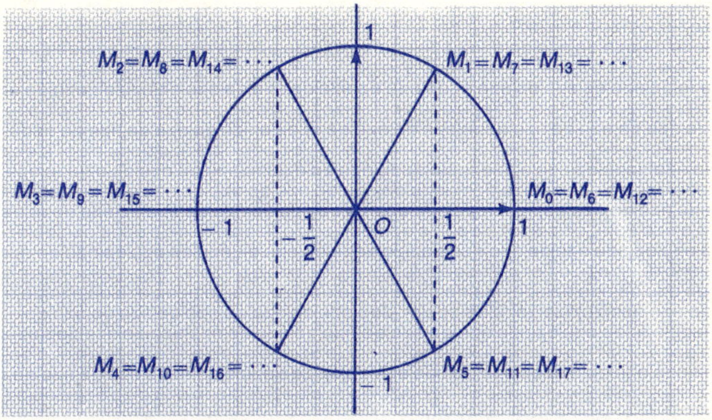

La suite est périodique non constante, donc divergente. En effet, si u convergeait, les suites extraites (u_{6n}) et (u_{6n+1}) convergeraient vers la même limite (cf. énoncé 2).

Or, pour tout naturel n, $u_{6n} = 1$ et $u_{6n+1} = \frac{1}{2}$.

Les suites constantes (u_{6n}) et (u_{6n+1}) convergent donc respectivement vers 1 et $\frac{1}{2}$.

• *Remarque*

Le fait que la suite $n \mapsto \frac{n\pi}{3}$ diverge vers $+\infty$ et que la fonction cosinus n'admet pas de limite en $+\infty$ ne permet pas de conclure ; on peut considérer par exemple la suite constante (u_{6n}) pour s'en persuader.

5) $u : n \mapsto n \left| \cos \frac{n\pi}{3} \right|$.

La suite u est définie sur $\mathbb{N}$ et, d'après l'exercice 4), pour tout naturel n,

$$\left| \cos \frac{n\pi}{3} \right| \in \left\{ 1 \,;\, \frac{1}{2} \right\}$$

Donc
$$\left| \cos \frac{n\pi}{3} \right| \geqslant \frac{1}{2}.$$

On en déduit :
$$u_n \geqslant \frac{n}{2}.$$

Or $\lim\limits_{n \to +\infty} \frac{n}{2} = +\infty$, donc **$u$ diverge vers** $+\infty$.

• *Remarque*

La suite u est le produit d'une suite divergeant vers $+\infty$ et d'une suite minorée par un réel strictement positif (cf. énoncé 7).

Attention : la minoration stricte

$$\textit{pour tout } n \textit{ de } \mathbb{N},\ 0 < \left|\cos \frac{n\pi}{3}\right|$$

ne permettait pas de conclure.

8.9 *La résolution de ces exercices fera appel essentiellement aux propriétés algébriques des suites (cf. énoncés 3, 5, 6).*

6) La suite $u : n \mapsto \dfrac{3^n - 2^n}{3^n + 2^n}$ est définie sur $\mathbb{N}$,

et, pour tout naturel n,

$$u_n = \frac{1 - \left(\frac{2}{3}\right)^n}{1 + \left(\frac{2}{3}\right)^n}.$$

Comme $-1 < \frac{2}{3} < 1$, la suite géométrique $n \mapsto \left(\frac{2}{3}\right)^n$ converge vers 0, donc les suites $n \mapsto 1 - \left(\frac{2}{3}\right)^n$ et $n \mapsto 1 + \left(\frac{2}{3}\right)^n$ convergent vers 1.

On en déduit que **u converge** et que $\lim\limits_{+\infty} u = \frac{1}{1} = 1$.

7) La suite $u : n \mapsto \dfrac{3n^2 + 2n + 1}{5n - 3}$ est définie sur $\mathbb{N}$.

En mettant en facteur $3n^2$ au numérateur et $5n$ au dénominateur de l'expression de u_n, pour n naturel non nul, on obtiendra par une méthode analogue que **la suite u diverge vers** $+\infty$.

• *Autre façon*

Pour tout naturel n, on a :

$$3n^2 + 2n + 1 \geqslant 3n^2 \quad \text{et} \quad 5n - 3 \leqslant 5n,$$

donc, si $n \neq 0$:

$$u_n \geqslant \frac{3n}{5}.$$

8) La suite $u : n \mapsto \dfrac{n^2 + \sin n}{3n^2 + \cos 3n}$ est définie sur $\mathbb{N}$.

En mettant en facteur n^2 au numérateur et $3n^2$ au dénominateur de l'expression de u_n, pour n naturel non nul, et en remarquant que :

$$\left|\frac{\sin n}{n^2}\right| \leqslant \frac{1}{n^2} \quad \text{et} \quad \left|\frac{\cos 3n}{3n^2}\right| \leqslant \frac{1}{3n^2},$$

on obtient que ***u* converge vers $\frac{1}{3}$.**

9) La suite $u : n \mapsto \dfrac{n}{n^2 + \ln n^3}$ est définie sur $\mathbb{N}^*$.

Par une méthode analogue et en remarquant que :

$\lim\limits_{n \to +\infty} \dfrac{\ln n^3}{n} = 0$, on obtient que ***u* converge vers 0**.

10) La suite $u : n \mapsto \dfrac{e^{-n}}{n^3 + \ln n}$ est définie sur $\mathbb{N}^*$.

Pour tout naturel n non nul,

$$0 \leqslant e^{-n} \quad \text{et} \quad n^3 + \ln n \geqslant n^3 > 0,$$

donc : $$0 \leqslant u_n \leqslant \frac{e^{-n}}{n^3}.$$

D'autre part, la suite $n \mapsto \dfrac{e^{-n}}{n^3}$ converge vers 0 ; **la suite *u* converge donc vers 0.**

8.10 $u : n \mapsto \sqrt{n^2 + n} - n$.

1) Programme :

Il suffit de programmer la fonction : $x \mapsto \sqrt{x^2 + x} - x$, puis d'introduire les différentes valeurs de x pour lesquelles la question est posée.

On obtient :

	TI 57 II	Casio FX 180 P	Casio FX 7700 G
n	u_n	u_n	u_n
1	0,4142136	0,414213562	0,4142135624
2	0,4494897	0,449489742	0,4494897428
3	0,4641016	0,464101615	0,4641016151
4	0,472136	0,472135954	0,4721355955
n	u_{10^n}	u_{10^n}	u_{10^n}
1	0,4880885	0,488088481	0,4880884816
2	0,4987562	0,49875621	0,498756211
3	0,499875	0,499875	0,49987506
4	0,499987	0,499987	0,4999874
5	0,49999	0,5	0,5
6	0,4999	0,5	0,5
7	0,499	0,499	0,5
8	0,4	0,49	0,5
9	0	0	0,49
10	0	0	0
11	0	0	0
12	0	0	0

Il semble donc que 0 soit la limite de *u*.

2) Remarquons que, pour tout naturel n non nul,

$$u_n = n\left(\sqrt{1+\frac{1}{n}} - 1\right) \quad \text{et} \quad \sqrt{1+\frac{1}{n}} + 1 \neq 0 .$$

En utilisant « l'expression conjuguée », on obtient :

$$u_n = n\,\frac{\left(\sqrt{1+\frac{1}{n}} - 1\right)\left(\sqrt{1+\frac{1}{n}} + 1\right)}{\sqrt{1+\frac{1}{n}} + 1},$$

soit $$u_n = \frac{1}{\sqrt{1+\frac{1}{n}} + 1}.$$

La suite $n \mapsto 1 + \frac{1}{n}$ converge vers 1 et la fonction $x \mapsto \sqrt{x}$ a 1 pour limite en 1 ; il en résulte (cf. énoncés 7 et 3) que la suite

$n \mapsto \sqrt{1+\frac{1}{n}} + 1$ converge vers 2 et donc **u converge vers** $\frac{1}{2}$.

La conjecture formulée à la première question est donc fausse.
Pour les « grandes valeurs de n », les calculatrices négligent n devant n^2, ce qui explique qu'elles affichent 0 comme approximation de u_n lorsque n devient supérieur à 10^9 ou 10^{10} selon les calculatrices.
En revanche, les résultats obtenus pour les valeurs « moyennes » de n, ici pour n variant entre environ 10 et 10^6, permettent de prévoir la limite de u.

8.11 1) $u_1 = 3$ et $u_{n+1} = \frac{1}{2}u_n - 1$.

On trouve à 10^{-2} près par excès :

u_1	u_2	u_3	u_4	u_5	u_{10}	u_{30}	u_{35}	u_{40}	u_{100}
3	0,5	−0,75	−1,37	−1,68	−1,99	−1,99	−2	−2	−2

2) **La limite de u semble être égale à −2.**

3) Soit Δ la droite d'équation $y = x$ et D celle d'équation $y = \frac{1}{2}x - 1$.

Soit A_1, A_2, ... les points cherchés de l'axe des abscisses.

Soit M_1 le projeté de A_1 sur D parallèlement à l'axe des ordonnées.
On a $M_1(u_1\ ;\ f(u_1))$, soit $M_1(u_1\ ;\ u_2)$.
Soit H_1 le projeté de M_1 sur Δ parallèlement à l'axe des abscisses ; on a $H_1(u_2\ ;\ u_2)$.
Soit A_2 le projeté de H_1 sur l'axe des abscisses parallèlement à l'axe des ordonnées ; on a $A_2(u_2\ ;\ 0)$.
On reprend la même méthode à partir de A_2 pour obtenir A_3, et ainsi de suite.

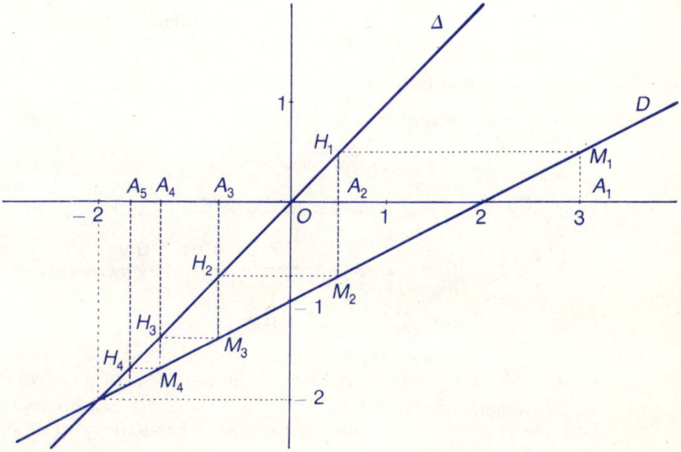

4) Pour tout n de $\mathbb{N}^*$, on a :

$$\begin{aligned} u_{n+1} - (-2) &= \frac{1}{2} u_n - 1 - (-2) = \frac{1}{2} u_n + 1 \\ &= \frac{1}{2}(u_n + 2) = \frac{1}{2}(u_n - (-2)). \end{aligned}$$

On peut facilement démontrer par récurrence que pour tout n de $\mathbb{N}^*$:

$$u_n - (-2) = \left(-\frac{1}{2}\right)^{n-1} (u_1 - (-2)),$$

soit :

$$u_n - (-2) = \frac{5}{2^{n-1}}.$$

La suite géométrique $n \to \frac{5}{2^n}$ ayant pour raison $\frac{1}{2}$ (et $\left|\frac{1}{2}\right| < 1$), converge vers 0 ; cela prouve que **la suite *u* converge vers – 2.**

8.12 1) Si les suites u et v convergent respectivement vers les réels ℓ et ℓ', alors les suites :

$$n \mapsto \frac{u_n + 2\,v_n}{3}, \quad n \mapsto \frac{u_n + 4\,v_n}{5} \quad \text{(cf. énoncé 3)},$$
$$n \mapsto u_{n+1} \quad \text{et} \quad n \mapsto v_{n+1} \quad \text{(cf. énoncé 2)}$$

sont convergentes et les réels ℓ et ℓ' vérifient :

$$\ell = \frac{\ell + 2\,\ell'}{3} \quad \text{et} \quad \ell' = \frac{\ell + 4\,\ell'}{5},$$

soit après résolution, $\ell = \ell'$.

2) Pour tout naturel n,

$$\begin{aligned} w_{n+1} &= v_{n+1} - u_{n+1} \\ &= \frac{u_n + 4\,v_n}{5} - \frac{u_n + 2\,v_n}{3} \\ &= \frac{3\,u_n + 12\,v_n - 5\,u_n - 10\,v_n}{15} \\ &= \frac{2}{15}(v_n - u_n) \\ &= \frac{2}{15}\,w_n. \end{aligned}$$

La suite w est donc la suite géométrique de raison $\frac{2}{15}$ et de premier terme w_0 tel que $w_0 = v_0 - u_0$, soit $w_0 = 1$;
comme $-1 < \frac{2}{15} < 1$, w converge vers 0.

De plus, pour tout n de $\mathbb{N}$, $w_n = w_0 \left(\frac{2}{15}\right)^n$,
soit, **pour tout n de $\mathbb{N}$, $w_n = \left(\frac{2}{15}\right)^n$.**

3) Pour tout naturel n,

$$\begin{aligned} u_{n+1} - u_n &= \frac{u_n + 2\,v_n}{3} - u_n \\ &= \frac{u_n + 2\,v_n - 3\,u_n}{3} \\ &= \frac{2}{3}(v_n - u_n) \\ &= \frac{2}{3}\,w_n. \end{aligned}$$

Par une méthode analogue, on obtient :

pour tout naturel n, $v_{n+1} - v_n = -\frac{1}{5} w_n$.

D'après 2), la suite w est à termes strictement positifs, donc pour tout naturel n,

$$u_{n+1} - u_n > 0 \quad \text{et} \quad v_{n+1} - v_n < 0 .$$

La suite u est donc strictement croissante et la suite v strictement décroissante.

4) a) Pour tout naturel n,

$$\begin{aligned} t_{n+1} &= 3\, u_{n+1} + 10\, v_{n+1} \\ &= u_n + 2\, v_n + 2\, u_n + 8\, v_n \\ &= 3\, u_n + 10\, v_n \\ &= t_n . \end{aligned}$$

La suite t est donc constante ; comme $t_0 = 3\, u_0 + 10\, v_0 = 23$, t est la suite constante $n \mapsto 23$.
Si les suites u et v convergent, on sait qu'elles convergent vers le même réel ℓ qui vérifie :

$$3\,\ell + 10\,\ell = 23 , \quad \text{soit} \quad \ell = \mathbf{\frac{23}{13}} .$$

b) Pour tout naturel n, on a :

$$3\, u_n + 10\, v_n = 23 ,$$

donc, par définition de w : $v_n = w_n + u_n$;
il vient : **pour tout naturel n, $13\, u_n + 10\, w_n = 23$.**

5) D'après 4) b), pour tout naturel n : $u_n = \frac{23}{13} - \frac{10}{3} w_n$.

La suite u est la somme de la suite constante $n \mapsto \frac{23}{13}$ et de la suite $\frac{10}{3} w$ qui converge vers 0 ; **la suite u converge donc vers $\frac{23}{13}$.**
Comme v est la somme des deux suites convergentes w et u, **v est une suite convergente et**

$$\lim_{+\infty} v = \lim_{+\infty} w + \lim_{+\infty} u = \lim_{+\infty} u = \frac{23}{13} .$$

• *Remarque*
Les suites u et v sont des exemples de suites adjacentes : u est croissante, v est décroissante, $u \leqslant v$ et $v - u$ converge vers 0. On démontre qu'alors de telles suites convergent vers le même réel. Les questions 1), 2) et 3) établissent que u et v sont adjacentes ; la question 4) permet de déterminer leur limite commune.

8.13 u_n et v_n sont les proportions de sirop de menthe respectivement dans le premier et le second verre plein après n opérations. On définit ainsi sur $\mathbb{N}$ les suites u et v qui vérifient :

$u_0 = 0$, $v_0 = 1$ et, pour tout naturel n,

$$\begin{cases} u_{n+1} = \dfrac{2}{3} u_n + \dfrac{1}{3} v_n \\ v_{n+1} = \dfrac{1}{3} u_n + \dfrac{2}{3} v_n, \end{cases}$$

donc (en additionnant puis en soustrayant membre à membre ces deux égalités)

$$\begin{cases} u_{n+1} + v_{n+1} = u_n + v_n \\ u_{n+1} - v_{n+1} = \dfrac{1}{3} (u_n - v_n). \end{cases}$$

Comme $u_0 = 0$ et $v_0 = 1$, une récurrence élémentaire prouve alors que, pour tout naturel n,

$$\begin{cases} u_n + v_n = 1 \\ u_n - v_n = - \left(\dfrac{1}{3} \right)^n. \end{cases}$$

La suite $u + v$ est la suite constante $n \mapsto 1$; cela traduit le fait que la quantité totale de sirop de menthe contenue dans les deux verres pleins ne varie pas.

Donc (en additionnant puis en soustrayant membre à membre ces deux égalités)

$$\begin{cases} u_n = \dfrac{1}{2} \left[1 - \left(\dfrac{1}{3} \right)^n \right] \\ v_n = \dfrac{1}{2} \left[1 + \left(\dfrac{1}{3} \right)^n \right]. \end{cases}$$

La suite géométrique $n \mapsto \left(\dfrac{1}{3} \right)^n$ converge vers 0 puisque $0 < \dfrac{1}{3} < 1$; les suites u et v sont donc convergentes et ont pour limite $\dfrac{1}{2}$. Donc, à la fin, on obtient la même proportion $\dfrac{1}{2}$ de sirop de menthe dans chacun des deux verres pleins : **chaque verre plein contient moitié sirop de menthe, moitié limonade.**

En fait, on remarque que :

pour tout n de $\mathbb{N}$, $u_n < v_n$.

Et comme, dans la pratique, on ne continuera pas l'opération indéfiniment, le premier verre plein contiendra moins de sirop de menthe que le deuxième verre plein. Mais la différence sera vite négligeable.

8.14 1) a) $f_p : x \mapsto x^p + \cdots + x^2 + x - 1$.

- f_p, en tant que polynôme, est continue sur $\mathbb{R}$, donc en particulier sur $[0\,;1]$;
- f_p est la somme des fonctions puissances $x \mapsto x^p, ..., x \mapsto x^2$ et de la fonction affine $x \mapsto x-1$, toutes strictement croissantes sur $\mathbb{R}_+$; f_p est donc strictement croissante sur $\mathbb{R}_+$, et en particulier sur $[0\,;1]$;
- $f_p(0) = -1$ et $f_p(1) = p - 1 > 0$ (car $p \geq 2$) ;

f_p réalise donc une bijection de l'intervalle $[0\,;1]$ sur l'intervalle $[f_p(0)\,; f_p(1)]$, c'est-à-dire sur $[-1\,; p-1]$.

0 appartient à $[-1\,; p-1]$, donc 0 admet un seul antécédent, noté r_p, par f_p dans $[0\,;1]$.

D'autre part, $f_p(0) \neq 0$ et $f_p(1) \neq 0$, il en résulte que **dans** $]0\,;1[$, f_p **admet une seule racine.**

- *Remarque*

La croissance stricte de f_p *sur* $[0\,;1]$ *pouvait s'établir en considérant que* f_p, *comme polynôme, est dérivable sur* $\mathbb{R}$ *et :*

$$\begin{cases} f'_p(0) = 0\,, \\ \textit{pour tout } x \textit{ de } \mathbb{R}_+^*,\ f'_p(x) > 0\,. \end{cases}$$

b) • Pour tout réel x, $\quad f_{p+1}(x) = f_p(x) + x^{p+1}$,

donc $\quad f_{p+1}(r_p) = f_p(r_p) + r_p^{p+1}$,

soit $\quad f_{p+1}(r_p) = r_p^{p+1}$.

Comme $r_p \in\,]0\,;1[$, il vient : $\boldsymbol{f_{p+1}(r_p) > 0}$.

- $f_{p+1}(0) < 0$ et $f_{p+1}(r_p) > 0$; nous en déduisons, en appliquant à f_{p+1} sur $[0\,; r_p]$ le même raisonnement que celui suivi au 1) a), que l'unique racine r_{p+1} de f_{p+1} dans $]0\,;1[$ vérifie : $0 < r_{p+1} < r_p$,

ce qui prouve que la suite $(r_n)_{n \in \mathbb{N} \setminus \{0\,;1\}}$ est strictement décroissante et minorée par 0.

Nous en déduisons que **la suite** $(r_n)_{n \in \mathbb{N} \setminus \{0\,;1\}}$ **est convergente.**

2) a) Pour tout réel x, $x^p + \cdots + x^2 + x$ est la somme des p premiers termes de la suite géométrique de premier terme et de raison x, donc, si de plus x est distinct de 1,

$$f_p(x) = \frac{x^{p+1} - x}{x - 1} - 1 ,$$

$$\boldsymbol{f_p(x) = \frac{x^{p+1} - 2\,x + 1}{x - 1}} .$$

b) Nous en déduisons :

$$f_p(r_p) = \frac{r_p^{p+1} - 2\,r_p + 1}{r_p - 1} \quad (\text{car } r_p < 1),$$

or $\qquad f_p(r_p) = 0 ,$

donc $\qquad r_p^{p+1} - 2\,r_p + 1 = 0 ,$

soit $\qquad 2\,r_p - 1 = r_p^{p+1} .$

Or la suite $(r_n)_{n \in \mathbb{N} \setminus \{0;1\}}$ est décroissante et à termes strictement positifs, donc

$$0 < r_p \leqslant r_2 ;$$

de plus $\qquad r_2 < 1 ,$

d'où $\qquad 0 < r_p^{p+1} \leqslant r_2^{p+1} .$

Comme $\qquad 0 < r_2 < 1 ,$

la suite géométrique $n \mapsto r_2^{n+1}$ converge vers 0, ce qui prouve que la suite $n \mapsto r_n^{n+1}$ converge également vers 0.

Nous en déduisons que $\lim\limits_{n \to +\infty} (2\,r_n - 1) = 0 ,$

soit : $\qquad \boldsymbol{\lim\limits_{n \to +\infty} r_n = \frac{1}{2}} .$

• *Remarque*

Le fait que, pour tout naturel n supérieur à 2, $0 < r_n < 1$, *ne permet pas de conclure à la convergence vers 0 de la suite* $(r_n^{n+1})_{n \in \mathbb{N} \setminus \{0;1\}}$.

S'en persuader en considérant par exemple la suite

$$v : n \mapsto \left(1 + \frac{\lambda}{n+1}\right)^{n+1} , \quad \textit{où } \lambda \textit{ est un réel} ;$$

on établit en effet que $\lim\limits_{+\infty} v = e^{\lambda}$.

9. Suites récurrentes $u_{n+1} = f(u_n)$

ÉNONCÉS

9.1 1) a) Donner le tableau de variation de la fonction

$$f : x \mapsto \frac{5x-3}{2x-2}.$$

b) En déduire que :
pour tout x de $]1\,;+\infty[$, $f(x) > 1$.
On définit donc bien une suite u en posant :

$$\begin{cases} u_0 = 2, \\ \text{pour tout naturel } n,\ u_{n+1} = \dfrac{5u_n - 3}{2u_n - 2}. \end{cases}$$

2) a) Tracer, dans le plan P muni d'un repère orthonormal $(O\,;\vec{i},\vec{j})$, la représentation graphique C de la fonction f.

b) Utiliser C pour conjecturer le comportement de la suite u.

3) a) Justifier que l'on définit bien une suite v en posant :
pour tout naturel n, $v_n = \dfrac{u_n - 3}{u_n - \frac{1}{2}}$.
Démontrer que v est une suite géométrique, qu'elle converge vers 0 et que, pour tout naturel n, $|v_n| < 1$.

b) Pour tout naturel n, exprimer u_n en fonction de v_n.
En déduire que la suite u converge et déterminer sa limite.

9.2 I) 1) Donner le tableau de variation de la fonction f de $\mathbb{R}$ dans $\mathbb{R}$ telle que :

$$f(x) = \frac{1}{3}(4 - x^2).$$

2) Tracer, dans le plan rapporté à un repère orthonormal, la courbe représentative C_f de la fonction f, et déterminer la position de cette courbe par rapport à la droite Δ d'équation $y = x$.

3) Déterminer les images par f des intervalles $]-\infty\,;-4[$, $]-4\,;-2[$, $[-2\,;0]$, $[0\,;2]$, $]2\,;4[$ et $]4\,;+\infty[$.

II) u_0 étant un réel donné, soit u la suite récurrente définie sur $\mathbb{N}$ par :
pour tout naturel n, $u_{n+1} = f(u_n)$.
Le but de l'exercice est de déterminer la nature de la suite u en fonction de la valeur de son premier terme u_0.
On vérifiera graphiquement les résultats.

1) a) Démontrer que si u converge, sa limite est l'un des deux réels -4 et 1.

b) Etudier les cas particuliers :

$$u_0 = -4\ ;\quad u_0 = 4\ ;\quad u_0 = 1\ ;\quad u_0 = -1\,.$$

2) On suppose que :

$$u_0 \in]-\infty\ ; -4[\,.$$

Démontrer que, pour tout naturel n non nul,

$$u_n + 4 \leqslant \left(\frac{8}{3}\right)^n (u_0 + 4)\,.$$

En déduire la nature de u.

3) On suppose que :

$$u_0 \in [0\ ; 1\,[\, \cup\,]1\ ; 2\,]\,.$$

Démontrer que, pour tout naturel n non nul,

a) $u_n \in \left[0\ ; \dfrac{4}{3}\right]$;

b) $|u_{n+1} - 1| \leqslant \dfrac{8}{9}\,|u_n - 1|$.

En déduire la nature de u.

4) Que peut-on dire de la suite u si

a) $u_0 \in]4\ ; +\infty[$?

b) $u_0 \in [-2\ ; 0]$?

5) a) Prévoir graphiquement le comportement de u lorsque :

$$u_0 \in]-4\ ; 0[\,.$$

b) On suppose que :
pour tout naturel n, $u_n \in]-4\ ; -2[$ (1).
Démontrer que, pour tout naturel n,

$$u_{n+1} + 4 \geqslant \frac{4}{3}(u_n + 4),$$

et en déduire que l'hypothèse (1) tombe en défaut ; conclure sur la nature de u.

c) Déterminer la nature de u lorsque :

$$u_0 \in]2\ ; 4[\,.$$

9.3 *Approximation de $\sqrt{a}$*

a et u_0 sont des réels strictement positifs et u est la suite de premier terme u_0 telle que, pour tout naturel n,

$$u_{n+1} = \frac{1}{2}\left(u_n + \frac{a}{u_n}\right).$$

On remarquera que la suite u est définie sur $\mathbb{N}$ et à termes strictement positifs.

1) Montrer que, pour tout naturel n non nul,

$$u_n \geqslant \sqrt{a} \quad \text{et} \quad u_{n+1} \leqslant u_n.$$

Que peut-on en déduire ?

2) v est la suite $n \mapsto \dfrac{u_n - \sqrt{a}}{u_n + \sqrt{a}}$.

a) Pour tout naturel n, calculer v_{n+1} en fonction de v_n, et en déduire l'expression de v_n en fonction de v_0.
b) Montrer que $|v_0| < 1$ et en déduire que $\lim\limits_{+\infty} v = 0$.

3) Pour tout naturel n, exprimer u_n en fonction de v_n, et en déduire la limite de la suite u.

4) a) Montrer que, pour tout naturel n non nul,

$$u_n - \sqrt{a} \leqslant 2\, u_1\, v_n.$$

b) Application numérique. On pose $a = 3$ et $u_0 = \dfrac{7}{4}$.

Sachant que $1{,}73 < \sqrt{3}$, montrer que pour tout naturel n non nul,

$$u_n - \sqrt{3} \leqslant 4(10^{-2})^{2^n}.$$

Calculer u_2 et en déduire un encadrement de $\sqrt{3}$.

SOLUTIONS

9.1 1) a) L'ensemble de définition de la fonction homographique f est $\mathbb{R} \setminus \{1\}$. Pour tout réel x distinct de 1,

$$f(x) = \frac{(5x-5)+2}{2x-2} = \frac{5x-5}{2x-2} + \frac{2}{2x-2}$$
$$= \frac{1}{x-1} + \frac{5}{2}.$$

Connaissant le tableau de variation de la fonction $x \mapsto \frac{1}{x}$, on en déduit alors celui de f :

x	$-\infty$		1		$+\infty$
$f(x)$	$\frac{5}{2}$ ↘ $-\infty$		‖	$+\infty$ ↘ $\frac{5}{2}$	

b) D'après la question 1) a) :

pour tout x de $]1\ ;+\infty[$, $\quad f(x) > \frac{5}{2}$

donc $\quad f(x) > 1$.

Remarque

Comme $u_0 > 1$, une récurrence élémentaire prouve que, pour tout naturel n, u_n est défini et $u_n > 1$.

La suite u est donc définie sur $\mathbb{R}$.

2) a) D'après 1) a), l'hyperbole C se déduit de l'hyperbole d'équation $y = \frac{1}{x}$ par la translation de vecteur $\vec{i} + \frac{5}{2}\vec{j}$ (voir la figure p. 165).

b) **Il semble que *u* converge vers 3.**

3) a) Pour tout naturel n, $u_n > 1$, donc $u_n \neq \frac{1}{2}$ ce qui prouve que la suite v est bien définie.

Pour tout naturel n,

$$v_{n+1} = \frac{u_{n+1} - 3}{u_{n+1} - \frac{1}{2}} = \frac{\frac{5u_n - 3}{2u_n - 2} - 3}{\frac{5u_n - 3}{2u_n - 2} - \frac{1}{2}}$$
$$= \frac{5u_n - 3 - 6u_n + 6}{5u_n - 3 - u_n + 1} = \frac{-u_n + 3}{4u_n - 2}$$
$$= -\frac{1}{4} v_n\ ;$$

v est donc une suite géométrique.

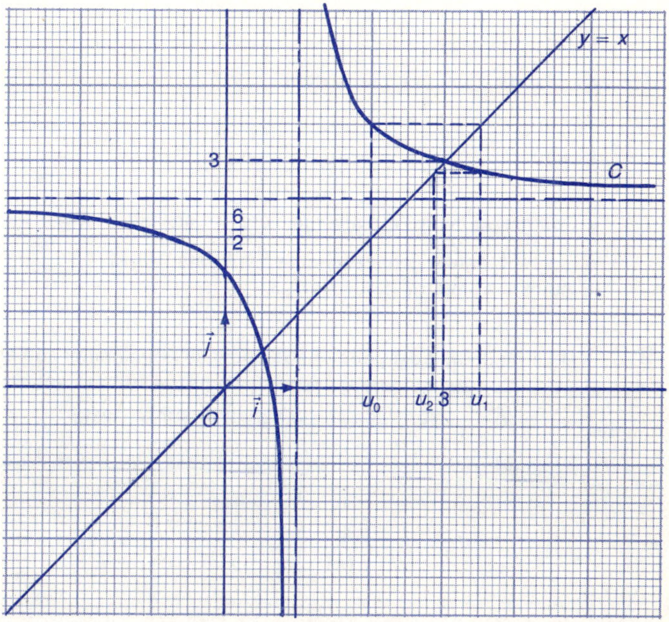

Plus précisément, v est la suite géométrique de raison $-\frac{1}{4}$ et de premier terme v_0, avec :

$$v_0 = \frac{u_0 - 3}{u_0 - \frac{1}{2}} = \frac{2-3}{2-\frac{1}{2}} = -\frac{2}{3}.$$

Comme $\left|-\frac{1}{4}\right| < 1$, **$v$ converge vers 0.**

D'autre part, pour tout naturel n,

$$v_n = -\frac{2}{3}\left(-\frac{1}{4}\right)^n,$$

donc, pour tout naturel n, $\quad \boldsymbol{|v_n| < 1}$ **.**

b) • Pour tout naturel n,

$$v_n = \frac{u_n - 3}{u_n - \frac{1}{2}},$$

donc $$\left(u_n - \frac{1}{2}\right) v_n = u_n - 3,$$

soit $$u_n(v_n - 1) = \frac{1}{2} v_n - 3 \,;$$

or, d'après 3) a), $|v_n| < 1$, donc $v_n \neq 1$;

il vient $$u_n = \frac{\frac{1}{2} v_n - 3}{v_n - 1}.$$

• Comme la suite v converge vers 0, les suites $n \mapsto \frac{1}{2} v_n - 3$ et $n \mapsto v_n - 1$ convergent respectivement vers -3 et -1 ;
la suite u converge donc vers 3.

9.2 I) 1) La fonction f est paire ; nous pouvons donc limiter son étude à $\mathbb{R}_+$; f étant un binôme du second degré de forme canonique $x \mapsto -\frac{1}{3} x^2 + \frac{4}{3}$, son tableau de variation sur $\mathbb{R}_+$ est :

x	0 $+\infty$
$f(x)$	$\frac{4}{3}$ ↘ $-\infty$

• *Autre façon*
f, en tant que polynôme, est dérivable, donc continue, sur $\mathbb{R}$ et, pour tout réel x,

$$f'(x) = -\frac{2}{3} x .$$

On retrouve ainsi que f est strictement décroissante sur $[0\,;+\infty[$.
Le maximum de f est $\frac{4}{3}$.

2) La position de la parabole C_f par rapport à la droite Δ s'obtient en étudiant le signe du polynôme $g : x \mapsto f(x) - x$.
On trouve, après factorisation :
Pour tout réel x,

$$g(x) = -\frac{1}{3}(x - 1)(x + 4).$$

Il vient : * les racines de g sont -4 et 1 ;
* si $x \in\,]-\infty\,;-4[\, \cup\,]1\,;+\infty[$, alors $g(x) < 0$;
* si $x \in\,]-4\,;1[$, alors $g(x) > 0$.

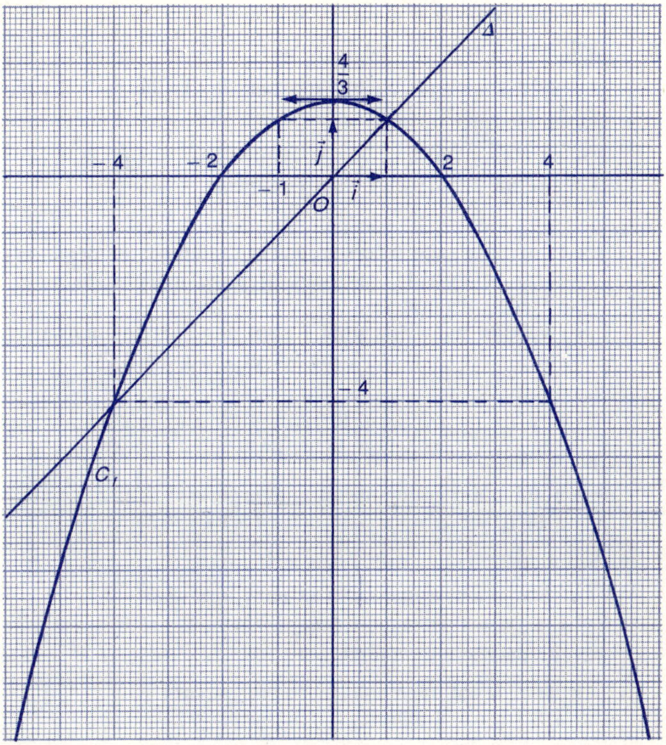

On en déduit que C_f est située au-dessous de Δ dans chacun des demi-plans d'inéquations $x < -4$ et $x > 1$, au-dessus de Δ dans la bande de plan d'inéquations $-4 < x < 1$ et que les abscisses des points d'intersection de C_f et Δ sont -4 et 1.

3) f étant continue et strictement croissante sur $]-\infty\,;-4[$, l'image de cet intervalle par f est l'intervalle $\left]\lim_{-\infty} f\,;\, f(-4)\right[$, soit $]-\infty\,;-4[$.
Comme f est une fonction paire, on en déduit que l'image par f de l'intervalle $]4\,;+\infty[$ est $]-\infty\,;-4[$.

f étant continue et strictement décroissante sur $[0\,;2]$, l'image de cet intervalle par f est l'intervalle $[f(2)\,;f(0)]$, soit $\left[0\,;\frac{4}{3}\right]$. De manière analogue, on obtient que l'image de $[-2\,;0]$ par f est aussi $\left[0\,;\frac{4}{3}\right]$.
De la même manière, on démontre que l'image de $]-4\,;-2[$ et l'image de $]2\,;4[$ par f sont l'intervalle $]-4\,;0[$.

II) 1) a) Si la suite u converge vers ℓ, il en est de même de la suite $n \mapsto u_{n+1}$, et f étant continue sur $\mathbb{R}$, donc en particulier en ℓ, la suite $n \mapsto f(u_n)$ converge vers $f(\ell)$.
Les valeurs possibles pour ℓ sont donc les solutions dans $\mathbb{R}$ de l'équation $f(x) = x$, qui **sont -4 et 1** d'après I) 2).

b) • Si $u_0 = -4$ alors $u_1 = f(u_0) = f(-4) = -4$.
On a : pour tout n de $\mathbb{N}$, $u_n = -4$.

La suite *u* est constante et converge vers -4.
• Si $u_0 = 4$ alors $u_1 = f(u_0) = f(4) = -4$.
On a : pour tout n de $\mathbb{N}^*$, $u_n = -4$.

La suite *u* est stationnaire et converge vers -4.
• Si $u_0 = 1$ alors $u_1 = f(u_0) = f(1) = 1$.
On a : pour tout n de $\mathbb{N}$, $u_n = 1$.

La suite *u* est constante et converge vers 1.
• Si $u_0 = -1$ alors $u_1 = f(u_0) = f(-1) = 1$.
On a : pour tout n de $\mathbb{N}^*$, $u_n = 1$.

La suite *u* est stationnaire et converge vers 1.

2) D'après I (3), pour tout naturel n, si $u_n < -4$, alors $u_{n+1} < -4$. Une récurrence élémentaire donne donc :

pour tout n de $\mathbb{N}^*$, $u_{n-1} < -4$.

f étant dérivable sur $\mathbb{R}$, nous sommes dans les conditions d'application du théorème des inégalités des accroissements finis sur tout segment de $\mathbb{R}$ non réduit à un point.
Appliquons-le ici sur $[u_{n-1}\,;-4]$, où n est un naturel non nul.
f' étant strictement décroissante sur $\mathbb{R}$ et $f'(-4)$ étant égal à 8/3,

$$f' \geqslant \frac{8}{3} \quad \text{sur }]-\infty\,;-4].$$

D'où : $$\frac{f(u_{n-1}) - f(-4)}{u_{n-1} - (-4)} \geqslant \frac{8}{3}.$$

Comme $u_{n-1} - (-4)$ est négatif,

$$f(u_{n-1}) + 4 \leqslant \frac{8}{3}(u_{n-1} + 4),$$

soit : $$u_n + 4 \leqslant \frac{8}{3}(u_{n-1} + 4).$$

Par récurrence sur n, on obtient donc :

pour tout n de $\mathbb{N}^*$, $u_n + 4 \leqslant \left(\frac{8}{3}\right)^n (u_0 + 4)$.

Or $\lim\limits_{n \to +\infty} \left(\frac{8}{3}\right)^n = +\infty$ et $u_0 + 4$ est négatif ,

donc : $$\lim_{n \to +\infty} \left(\frac{8}{3}\right)^n (u_0 + 4) = -\infty.$$

La suite $n \mapsto u_n + 4$ étant majorée par une suite divergeant vers $-\infty$, elle diverge vers $-\infty$ (cf. énoncé 5 du chapitre 8).
La suite u diverge donc vers $-\infty$ (cf. énoncé 6c du chapitre 8).

• *Remarque : on démontrerait facilement que u est strictement décroissante, ce qui provient du fait que, sur $]-\infty ; -4[$, f est strictement croissante et le polynôme $x \mapsto f(x) - x$ est négatif.*

3) a) D'après I) 3), si $u_0 \in [0 ; 2]$, alors $u_1 \in \left[0 ; \frac{4}{3}\right]$.
Comme $\left[0 ; \frac{4}{3}\right] \subset [0 ; 2]$, on en déduit que :

pour tout n de $\mathbb{N}^*$, $u_n \in \left[0 ; \frac{4}{3}\right]$.

b) Appliquons ici le théorème des inégalités des accroissements finis à f sur le segment d'extrémités 1 et u_n où $u_n \neq 1$ et n est un naturel non nul.

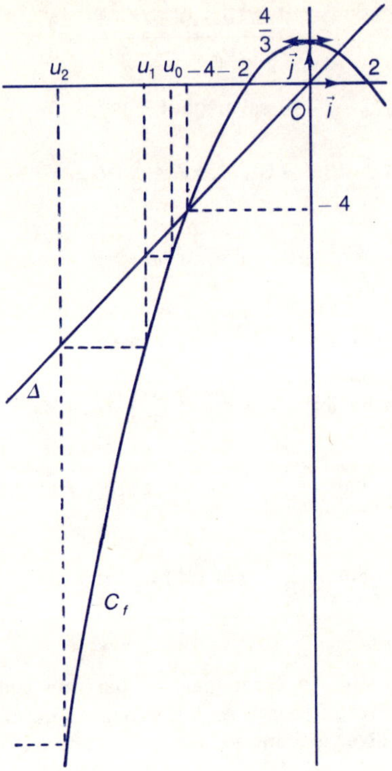

On a ici :

$$f'\left(\frac{4}{3}\right) \leqslant f' \leqslant f'(0) \text{ sur } \left[0\,;\frac{4}{3}\right],$$

soit $$-\frac{8}{9} \leqslant f' \leqslant 0 \quad \text{ sur } \left[0\,;\frac{4}{3}\right],$$

d'où $$|f'| \leqslant \frac{8}{9} \quad \text{ sur } \left[0\,;\frac{4}{3}\right],$$

donc $$\left|\frac{f(u_n) - f(1)}{u_n - 1}\right| \leqslant \frac{8}{9},$$

d'où : $$|u_{n+1} - 1| \leqslant \frac{8}{9}\,|u_n - 1|.$$

Remarquons que cette inégalité reste vraie si $u_n = 1$.
Une récurrence élémentaire donne :

pour tout n de $\mathbb{N}^*$, $|u_n - 1| \leqslant \left(\frac{8}{9}\right)^{n-1} |u_1 - 1|$.

Comme $\lim\limits_{n \to +\infty} \left(\frac{8}{9}\right)^n = 0$, **la suite u converge vers 1.**

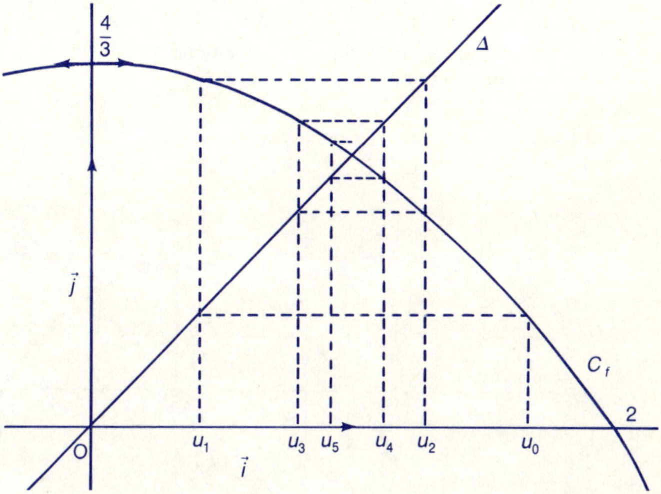

• *Remarque : l'application du théorème sur le segment* $[0\,;2]$ *ne permettait pas de conclure à la convergence de u, car* $|f'(2)| \geqslant 1$. *D'autre part, f étant décroissante sur* $[0\,;2]$, *on démontrerait facilement que les suites extraites* (u_{2n}) *et* (u_{2n+1}) *sont monotones et de sens de variation contraires.*

4) a) D'après I) 3), si $u_0 > 4$, alors $u_1 < -4$ et on est ramené au cas traité à la question II) 2) ; **u diverge donc vers $-\infty$.**

b) D'après I) 3), si $u_0 \in [-2 ; 0]$, alors $u_1 \in \left[0 ; \frac{4}{3}\right]$ et on est ramené au cas traité à la question II) 3) ; ***u* converge donc vers 1.**

5) a) D'après I) 3), si $u_0 \in]-4 ; -2[$, alors $u_1 \in]-4 ; 0[$, on en déduit que $u_2 \in \left]-4 ; \frac{4}{3}\right[$.

D'après le tableau de variation de f, les termes suivants de la suite appartiennent à $\left]-4 ; \frac{4}{3}\right]$.

S'il existe un naturel n pour lequel u_n appartient à $\left[-2 ; \frac{4}{3}\right]$, ceci sera le cas pour tous les termes suivants de u et d'après II) 3) et 4), u converge vers 1.

La représentation graphique nous amène à penser qu'il existe toujours une valeur de n pour laquelle $u_n \geqslant -2$.

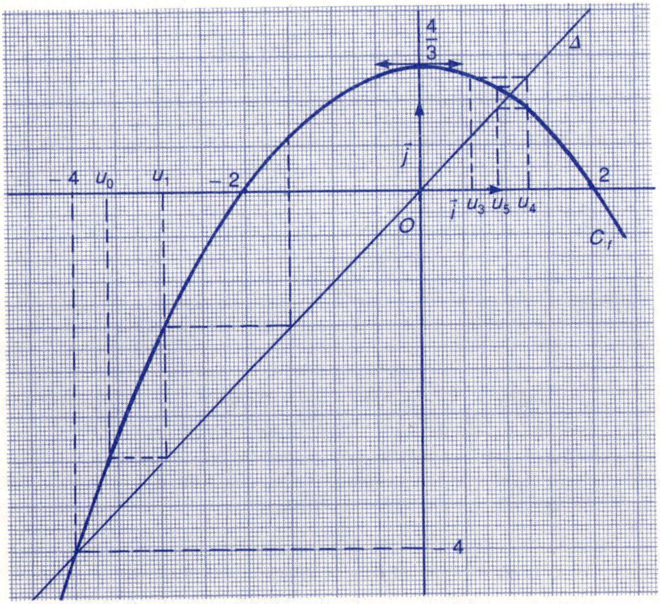

b) On suppose que :

pour tout naturel n, $u_n \in]-4\,;-2[$ (1).

Soit n un naturel. Appliquons à nouveau le théorème des inégalités des accroissements finis à f sur le segment $[-4\,;u_n]$:

$$f'(-2) \leqslant f' \leqslant f'(-4) \quad \text{sur} \quad [-4\,;-2],$$

soit
$$\frac{4}{3} \leqslant f' \leqslant \frac{8}{3} \quad \text{sur} \quad [-4\,;-2],$$

donc
$$\frac{4}{3} \leqslant \frac{f(u_n) - f(-4)}{u_n - (-4)}.$$

Comme $u_n - (-4) > 0$, on obtient :

pour tout n de $\mathbb{N}$, $u_{n+1} + 4 \geqslant \frac{4}{3}(u_n + 4)$.

Une récurrence élémentaire nous donne :

pour tout n de $\mathbb{N}$, $u_n + 4 \geqslant \left(\frac{4}{3}\right)^n (u_0 + 4)$.

Comme $u_0 + 4 > 0$ et $\frac{4}{3} > 1$, la suite $n \mapsto \left(\frac{4}{3}\right)^n (u_0 + 4)$ diverge vers $+\infty$ donc il existe un naturel n tel que $u_n \geqslant -2$, ce qui contredit l'hypothèse (1).
Finalement, si $u_0 \in]-4\,;-2[$ alors **u converge vers 1.**

c) Si $u_0 \in]2\,;4[$, alors $u_1 \in]-4\,;-2[$; on est ramené au cas précédent et **la suite u converge vers 1.**

• *Conclusion :*
Les réels -4 et 1 sont appelés « points fixes » de f. La suite u converge vers 1 (point fixe attractif) lorsque :

$$u_0 \in]-4\,;4[.$$

Elle diverge vers $-\infty$ lorsque $u_0 \in]-\infty\,;-4[\cup]4\,;-\infty[$.
Elle converge vers -4 (point fixe répulsif) lorsque $u_0 \in \{-4\,;4\}$.

9.3 *Pour tout naturel n, $u_{n+1} = \frac{1}{2}\left(u_n + \frac{a}{u_n}\right)$.*

1) Pour tout naturel n, $u_{n+1} = f(u_n)$, où f est la fonction rationnelle $x \mapsto \frac{1}{2}\left(x + \frac{a}{x}\right)$, dont l'ensemble de définition est $\mathbb{R}^*$.

Etudions le sens de variation de f sur $\mathbb{R}_+^*$ *(car u est à termes strictement positifs).*
f est dérivable sur $\mathbb{R}_+^*$ et, pour tout x de $\mathbb{R}_+^*$,

$$f'(x) = \frac{1}{2}\left(1 - \frac{a}{x^2}\right) = \frac{1}{2} \times \frac{(x+\sqrt{a})(x-\sqrt{a})}{x^2}\,;$$

nous en déduisons :

$$f'(\sqrt{a}) = 0\,,$$

$$\text{si} \quad 0 < x < \sqrt{a}, \quad \text{alors} \quad f'(x) < 0\,,$$
$$\text{si} \quad x > \sqrt{a}, \quad \text{alors} \quad f'(x) > 0\,;$$

f est donc strictement décroissante sur $]0\,;\sqrt{a}]$ et strictement croissante sur $[\sqrt{a}\,;+\infty[$.
Comme $f(\sqrt{a}) = \sqrt{a}$, $\sqrt{a}$ est le minimum de f sur $\mathbb{R}_+^*$.

Pour tout naturel n, $\quad u_n > 0 \quad$ et $\quad u_{n+1} = f(u_n)$,
donc $\quad u_{n+1} \geqslant \sqrt{a}$,

c'est-à-dire :

pour tout naturel n non nul, $u_n \geqslant \sqrt{a}$.

Pour tout naturel n,

$$u_{n+1} - u_n = \frac{1}{2}\left(u_n + \frac{a}{u_n}\right) - u_n\,,$$
$$= \frac{1}{2} \times \frac{a - u_n^2}{u_n}\,,$$
$$= \frac{1}{2} \times \frac{(\sqrt{a} - u_n)(\sqrt{a} + u_n)}{u_n}\,.$$

Or $u_n > 0$, $\sqrt{a} + u_n > 0$ et, si de plus $n \geqslant 1$, $u_n \geqslant \sqrt{a}$, donc $u_{n+1} - u_n \leqslant 0$, c'est-à-dire :

pour tout naturel n non nul, $u_{n+1} \leqslant u_n$.

La suite $(u_n)_{n \in \mathbb{N}^*}$ est donc décroissante et minorée par $\sqrt{a}$; cela prouve que **la suite u est convergente et $\lim\limits_{+\infty} u \geqslant \sqrt{a}$.**

2) $v : n \mapsto \dfrac{u_n - \sqrt{a}}{u_n + \sqrt{a}}$.

Remarquons que v est définie sur $\mathbb{N}$ puisque u est à termes positifs.

a) Pour tout naturel n,

$$v_{n+1} = \frac{u_{n+1} - \sqrt{a}}{u_{n+1} + \sqrt{a}},$$

$$v_{n+1} = \frac{u_n^2 + a - 2\,u_n\sqrt{a}}{u_n^2 + a + 2\,u_n\sqrt{a}},$$

$$v_{n+1} = \left(\frac{u_n - \sqrt{a}}{u_n + \sqrt{a}}\right)^2, \quad \text{donc :}$$

pour tout naturel n, $v_{n+1} = v_n^2$.

Une récurrence élémentaire prouve alors que,

pour tout naturel n, $v_n = v_0^{2^n}$.

b) • $|v_0| = \left|\dfrac{u_0 - \sqrt{a}}{u_0 + \sqrt{a}}\right| = \dfrac{|u_0 - \sqrt{a}|}{u_0 + \sqrt{a}} \leqslant \dfrac{u_0 + \sqrt{a}}{u_0 + \sqrt{a}}$, donc $|v_0| \leqslant 1$.

• $|v_0| = 1$ signifie $u_0 - \sqrt{a} = u_0 + \sqrt{a}$ ou $-u_0 + \sqrt{a} = u_0 + \sqrt{a}$; ce qui est impossible par hypothèses puisque $a > 0$ et $u_0 > 0$. Donc **$|v_0| < 1$.**

Pour tout naturel n,

$$2^n \geqslant n \quad \text{et} \quad |v_0| < 1,$$

donc $$|v_n| \leqslant |v_0|^n,$$

ce qui prouve que v est convergente et **$\lim\limits_{+\infty} v = 0$.**

3) Pour tout naturel n,

$$(u_n + \sqrt{a})\,v_n = u_n - \sqrt{a}\,;$$

donc $$(1 - v_n)\,u_n = \sqrt{a}(1 + v_n)\,;$$

or $$|v_0| < 1, \text{ donc } |v_n| < 1 \text{ et } 1 - v_n \neq 0\,;$$

on en déduit que, **pour tout naturel n,**

$$\boldsymbol{u_n = \sqrt{a} \times \frac{1 + v_n}{1 - v_n}}.$$

Comme $\lim_{+\infty} v = 0$, $\lim_{+\infty} \left(\sqrt{a} \times \frac{1+v_n}{1-v_n} \right) = \frac{1}{1}\sqrt{a} = \sqrt{a}$,

c'est-à-dire : $\mathbf{\lim_{+\infty} u = \sqrt{a}}$.

4) a) Pour tout naturel n non nul,

$$u_n - \sqrt{a} = (u_n + \sqrt{a})\, v_n\,;$$

or $\sqrt{a} \leqslant u_n$ d'après 1),

et $u_n \leqslant u_1$ car la suite $(u_n)_{n \in \mathbb{N}^*}$ est décroissante ,

donc, **pour tout naturel n non nul, $u_n - \sqrt{a} \leqslant 2\, u_1\, v_n$.**

b) • $u_0 = \frac{7}{4}$ et $u_1 = \frac{97}{56}$, donc $\mathbf{u_0 > \sqrt{3}}$ **et** $\mathbf{u_1 < 2}$.

• $0 < \frac{u_0 - \sqrt{3}}{u_0 + \sqrt{3}} < \frac{1{,}75 - 1{,}73}{1{,}75 + 1{,}73} < 10^{-2}$, donc $\mathbf{0 < v_0 < 10^{-2}}$.

• D'après 1) et 4) a),

$$0 \leqslant u_2 - \sqrt{3} \leqslant 4(10^{-2})^{2^2}\,,$$

donc
$$u_2 - 4 \times 10^{-8} \leqslant \sqrt{3} \leqslant u_2\,.$$

• $u_2 = \frac{97^2 + 3 \times 56^2}{2 \times 97 \times 56} = \frac{18\,817}{10\,864}$ et

$$1{,}732\,050\,81 < u_2 < 1{,}732\,050\,82\,.$$

(On obtient, éventuellement à la main, $u_2 \approx 1{,}732\,050\,810\,01$.)

Finalement : $\mathbf{1{,}732\,050\,77 \leqslant \sqrt{3} \leqslant 1{,}732\,050\,82}$ **.**

• *Remarque*

$$u_3 = \frac{18\,817^2 + 3 \times 10\,864^2}{2 \times 18\,817 \times 10\,864} = \frac{708\,158\,977}{408\,855\,776}\,;$$

le rationnel u_3 est une approximation par excès de $\sqrt{3}$ à 4×10^{-16} près.

CALCUL INTÉGRAL

Toute fonction de $\mathbb{R}$ dans $\mathbb{R}$, continue sur un intervalle I, admet sur I des primitives ; c'est là un moyen efficace de construction de nouvelles fonctions à partir des fonctions élémentaires, par exemple :

— la fonction logarithme népérien :

$$x \mapsto \int_1^x \frac{1}{t}\,\mathrm{d}t\,;$$

— la fonction arctangente :

$$x \mapsto \int_0^x \frac{1}{1+t^2}\,\mathrm{d}t\,.$$

D'autres fonctions peuvent être étudiées sans que l'on puisse les exprimer à l'aide des fonctions élémentaires, par exemple :

$$x \mapsto \int_x^{3x} \frac{\cos t}{t}\,\mathrm{d}t\,, \quad x \mapsto \int_1^x \frac{\mathrm{e}^t}{t}\,\mathrm{d}t\,.$$

Il faut alors recourir à d'autres moyens que le calcul d'intégrales pour établir des formules telles que :

$$\lim_{x \to +\infty} \int_0^x \frac{\sin t}{t}\,\mathrm{d}t = \frac{\pi}{2} \quad \text{ou} \quad \lim_{x \to +\infty} \int_0^x \mathrm{e}^{-t^2}\,\mathrm{d}t = \frac{\sqrt{\pi}}{2}\,,$$

ou pour évaluer, par exemple, la longueur d'une ellipse, de demi-axes a et b, donnée par l'intégrale :

$$4\int_0^{\frac{\pi}{2}} \sqrt{a^2\cos^2 t + b^2\sin^2 t}\,\mathrm{d}t\,.$$

(Si $a = b$, l'intégrale précédente est égale à $2\pi a$; en effet, l'ellipse est alors un cercle de rayon a.)

10. Calculer une intégrale

Primitives

■ Définition

Soit f une fonction de $\mathbb{R}$ dans $\mathbb{R}$ continue sur un intervalle I de $\mathbb{R}$.

On appelle **primitive** de f sur I, toute fonction F de $\mathbb{R}$ dans $\mathbb{R}$, dérivable sur I et admettant f pour fonction dérivée sur I, c'est-à-dire telle que : pour tout x de I, $F'(x) = f(x)$.

■ Propriétés

Soit f une fonction *continue* sur un intervalle I.

1) La fonction f admet des primitives sur I.

2) Si F est une primitive de f sur I, alors :
une fonction G est une primitive de f sur I si et seulement si elle diffère de F sur I d'une fonction constante, c'est-à-dire si et seulement s'il existe un réel C tel que pour tout x de I,

$$G(x) = F(x) + C.$$

3) Il existe une seule primitive de f sur I prenant en un réel donné de I une valeur donnée de $\mathbb{R}$:
si $a \in I$ et $\alpha \in \mathbb{R}$, l'unique primitive G de f sur I telle que $G(a) = \alpha$ est la fonction $x \mapsto F(x) - F(a) + \alpha$.

4) Si F et G sont des primitives de f sur I, et si a et b sont des éléments de I, alors $F(b) - F(a) = G(b) - G(a)$,
autrement dit le réel $F(b) - F(a)$ ne dépend pas du choix fait de la primitive de f sur I, cela conduit à poser la définition suivante.

Intégrales

■ Définition

Soit f une fonction de $\mathbb{R}$ dans $\mathbb{R}$ continue sur un intervalle I, F une primitive de f sur I, et a et b des éléments de I. On appelle **intégrale** de a à b de la fonction continue f le réel noté $\int_a^b \boldsymbol{f(t)\,dt}$, tel que :

$$\int_a^b \boldsymbol{f(t)\,dt = F(b) - F(a)}.$$

On note : $\int_a^b f(t)\,dt = [F(t)]_a^b$ où $[F(t)]_a^b = F(b) - F(a)$.

■ Propriétés

1) $$\int_a^a \boldsymbol{f(t)\,dt = 0} \quad \textbf{et} \quad \int_b^a \boldsymbol{f(t)\,dt} = -\int_a^b \boldsymbol{f(t)\,dt}.$$

2) Soit f une fonction continue sur un intervalle I et a un élément de I.

Alors **la fonction F, telle que $F(x) = \int_a^x f(t)\,dt$, est l'unique primitive de f sur I qui s'annule en a.**

On a en particulier :

$$F(a) = 0 \text{ et pour tout } x \text{ de } I,\ F'(x) = f(x).$$

Calculs d'intégrales

Les trois propriétés suivantes sont à employer pour tâcher de ramener le calcul d'une intégrale à des primitives usuelles.

■ **Relation de Chasles**

Soit f une fonction continue sur un intervalle I et a, b, c des éléments de I.

Alors : $$\int_a^b \boldsymbol{f(t)\,dt} = \int_a^c \boldsymbol{f(t)\,dt} + \int_c^b \boldsymbol{f(t)\,dt}.$$

■ **Linéarité**

Soient f et g des fonctions continues sur un intervalle I, a, b des éléments de I et λ, μ des réels.

Alors : $$\int_a^b \boldsymbol{(\lambda f + \mu g)(t)\,dt} = \boldsymbol{\lambda} \int_a^b \boldsymbol{f(t)\,dt} + \boldsymbol{\mu} \int_a^b \boldsymbol{g(t)\,dt}.$$

■ **Intégration par parties**

Soient f et g des fonctions continûment dérivables sur un intervalle I *(c'est-à-dire f et g sont dérivables sur I et f' et g' sont continues sur I)*, et a, b des éléments de I.

Alors : $$\int_a^b \boldsymbol{f'(t)\,g(t)\,dt} = \boldsymbol{[f(t)\,g(t)]_a^b} - \int_a^b \boldsymbol{f(t)\,g'(t)\,dt}.$$

Conseil : utiliser ce résultat

- chaque fois que l'intégrale du second membre est plus facile à calculer que celle du premier membre ;
- pour trouver des formules de récurrence entre intégrales de fonctions dépendant d'un naturel *n*.

■ Recours à une primitive usuelle

Soit *f* une fonction continue sur l'intervalle *I*, alors *F* est une primitive de *f* sur *I* :

I	$f(x)$	$F(x)$
$\mathbb{R}$	$x^n \ (n \in \mathbb{N})$	$\dfrac{x^{n+1}}{n+1}$
$\mathbb{R}_+^*$ ou $\mathbb{R}_-^*$	$x^n (n \in \mathbb{Z}$ et $n \neq -1)$	$\dfrac{x^{n+1}}{n+1}$
$\mathbb{R}_+^*$	$x^\alpha (\alpha \in \mathbb{R}$ et $\alpha \neq -1)$	$\dfrac{x^{\alpha+1}}{\alpha+1}$
$\mathbb{R}_+^*$ ou $\mathbb{R}_-^*$	$\dfrac{1}{x}$	$\ln \lvert x \rvert$
$\mathbb{R}$	e^x	e^x
$\mathbb{R}$	$\cos x$	$\sin x$
$\mathbb{R}$	$\sin x$	$-\cos x$
$\left]-\dfrac{\pi}{2}+k\pi\,;\dfrac{\pi}{2}+k\pi\right[$ $(k \in \mathbb{Z})$	$\dfrac{1}{\cos^2 x}$	$\tan x$
$]k\pi\,;(k+1)\,\pi[$ $(k \in \mathbb{Z})$	$\dfrac{1}{\sin^2 x}$	$-\cot x$

En outre, soit g une fonction dérivable sur un intervalle I, alors, dans chacun des cas suivants, une primitive de la fonction f est la fonction F
(sauf dans le premier cas, il s'agit de primitives sur I).

$f(x)$	$F(x)$
$g'(ax+b)$ où $a \in \mathbb{R}^*$, $b \in \mathbb{R}$	$\frac{1}{a} g(ax+b)$
$e^{g(x)} g'(x)$	$e^{g(x)}$
$g^{\alpha}(x)\, g'(x)$ où $\alpha \in \mathbb{R}$, $\alpha \neq -1$	$\dfrac{g^{\alpha+1}(x)}{\alpha+1}$
$\dfrac{g'(x)}{g(x)}$ où pour tout x de I, $g(x) \neq 0$	$\ln \lvert g(x) \rvert$

Noter enfin que certaines primitives ne peuvent pas être exprimées à l'aide des fonctions élémentaires. C'est, par exemple, le cas des primitives des fonctions f suivantes :

$$f(x) = \frac{e^x}{x}\ ; \quad f(x) = \frac{1}{\ln x}\ ; \quad f(x) = e^{-x^2}\ ;$$

$$f(x) = \frac{\cos x}{x}\ ; \quad f(x) = \frac{\sin x}{x}\ .$$

ÉNONCÉS

10.1 Soit n un naturel.

1) Déterminer la primitive de la fonction $x \mapsto (1+x)^n$ qui s'annule en 0.

2) En développant $(1+x)^n$ par la formule du binôme de Newton, déterminer une nouvelle expression de celle des primitives de la fonction $x \mapsto (1+x)^n$ qui s'annule en 0.

3) En déduire une expression simple de :

$$\frac{1}{1} C_n^0 + \frac{1}{2} C_n^1 + \cdots + \frac{1}{k+1} C_n^k + \cdots + \frac{1}{n+1} C_n^n .$$

10.2 Soit f la fonction telle que $f(x) = \dfrac{2x}{x + \sqrt{x^2 - 1}}$.

1) Après avoir trouvé une expression plus simple de f, déterminer les primitives de f.

2) Déterminer la primitive F de f telle que $F(2) = \dfrac{2}{3}$.

10.3 Linéariser la fonction $x \mapsto \sin x \sin 2x \sin 3x$, et en déduire ses primitives sur $\mathbb{R}$.

10.4 Linéariser la fonction $x \mapsto \sin^4 x$, et en déduire l'ensemble des réels x tels que :

$$\int_0^x \sin^4 t \, dt = \frac{3}{8} x .$$

10.5 Calculer les primitives des fonctions f suivantes :

1) $f : x \mapsto \dfrac{x}{\sqrt{1+x^2}}$; 2) $f : x \mapsto \sin(2x+3)$; 3) $f : x \mapsto \dfrac{x+3}{(x+1)^4}$;

4) $f : x \mapsto \dfrac{\cos 2x}{\sin^2 2x}$; 5) $f : x \mapsto 1 + \tan^2 3x$;

6) $f : x \mapsto x e^{1+x^2}$; 7) $f : x \mapsto \dfrac{x^3}{x^4+1}$; 8) $f : x \mapsto \tan x$.

10.6 On se propose de calculer l'intégrale I telle que :

$$I = \int_0^{\frac{\pi}{4}} \frac{1}{\cos x} \, dx .$$

Notons $\frac{\pi}{2} + \pi\mathbb{Z}$ l'ensemble des réels $\frac{\pi}{2} + k\pi$, avec $k \in \mathbb{Z}$.

1) Démontrer que, pour tout réel x n'appartenant pas à l'ensemble $\frac{\pi}{2} + \pi\mathbb{Z}$,

$$\frac{1}{\cos x} = \frac{1}{2}\left(\frac{\cos x}{1 + \sin x} + \frac{\cos x}{1 - \sin x}\right).$$

2) Déduire de 1) les primitives de la fonction $x \mapsto \frac{1}{\cos x}$ sur tout intervalle de $\mathbb{R}$ ne contenant aucun réel de $\frac{\pi}{2} + \pi\mathbb{Z}$.

3) Calculer I.

Intégration par parties

10.7 Soient f et g les fonctions :

$$f : x \mapsto \cos(\ln x) \text{ et } g : x \mapsto \sin(\ln x).$$

1) Déterminer le plus grand intervalle de $\mathbb{R}$ sur lequel f et g sont continues, donc admettent des primitives.

2) Soit F la primitive de f qui s'annule en 1, et soit G la primitive de g qui s'annule en 1. Etablir, par des intégrations par parties, des relations entre F et G.
Déterminer alors F et G.

3) En déduire toutes les primitives de f et toutes celles de g.

10.8 Pour tout élément a de $\mathbb{R}_+^*$ et tout élément α de $\mathbb{R}$, calculer

$$\int_1^a x^\alpha \ln x \, dx.$$

10.9 Soient f, g, h et k les fonctions de $\mathbb{R}$ dans $\mathbb{R}$ telles que :

$$f(x) = \sqrt{x^2+1}, \quad g(x) = x + \sqrt{x^2+1}, \quad h(x) = \ln(x + \sqrt{x^2+1}),$$

et

$$k(x) = x\sqrt{x^2+1}.$$

Soit a un réel ; on pose, pour tout n de $\mathbb{N}$:

$$I_n = \int_0^a \frac{x^n}{\sqrt{x^2+1}} dx,$$

et

$$F = \int_0^a \sqrt{x^2+1}\, dx, \quad G = \int_0^a (x + \sqrt{x^2+1})\, dx,$$

$$H = \int_0^a \ln\left(x + \sqrt{x^2+1}\right) dx .$$

1) Déterminer les dérivées des fonctions f, g, h et k.

2) Calculer I_0 et I_1.

3) Calculer $F + I_2$ et $F - I_2$. En déduire F et I_2. Calculer G.

4) Par une intégration par parties, calculer H.

10.10 *Evaluation de π par la formule de Wallis (John WALLIS, mathématicien anglais, 1616-1703)*

Soient, pour tout naturel n, l'intégrale dite *intégrale de Wallis*, I_n telle que :

$$I_n = \int_0^{\frac{\pi}{2}} \sin^n x \, dx .$$

1) Calculer I_0 et I_1.

2) Pour tout élément n de $\mathbb{N}$, établir la formule de récurrence :

$$(n+2) I_{n+2} = (n+1) I_n .$$

3) En déduire, pour tout élément n de $\mathbb{N}$, le calcul de I_n, en distinguant les cas n pair et n impair.

4) a) Démontrer que la suite $(I_n)_{n \in \mathbb{N}}$ est décroissante.

b) En déduire que, pour tout élément n de $\mathbb{N}$,

$$\frac{n+1}{n+2} \leqslant \frac{I_{n+1}}{I_n} \leqslant 1 .$$

5) Déduire des questions précédentes la formule, dite *formule de Wallis :*

$$\frac{\pi}{2} = \lim_{p \to +\infty} \frac{2}{1} \cdot \frac{2}{3} \cdot \frac{4}{3} \cdot \frac{4}{5} \cdots \frac{2p-2}{2p-3} \cdot \frac{2p-2}{2p-1} \cdot \frac{2p}{2p-1} \cdot \frac{2p}{2p+1} .$$

6) Soit u la suite telle que : pour tout naturel non nul p,

$$u_p = \prod_{k=1}^{p} \left(1 - \frac{1}{4k^2}\right) .$$

$\prod$ *désigne un produit comme* $\sum$ *désigne une somme.*

a) Etudier le sens de variation de la suite u.
b) Démontrer que la suite u converge, et que :

$$\pi = \frac{2}{\lim\limits_{p \to +\infty} u_p}.$$

c) Pour tout naturel non nul p, $\frac{2}{u_p}$ est une valeur approchée de π que l'on note π_p.
Dresser, à l'aide d'une calculatrice, le tableau, avec toutes les décimales fournies par la machine, de u_p et de π_p pour tous les naturels p tels que $1 \leqslant p \leqslant 10$.
A l'aide d'une calculatrice programmable, déterminer les évaluations de π fournies par π_{100} et par $\pi_{1\,000}$.
La formule de Wallis est-elle un bon moyen d'évaluation de π ?

SOLUTIONS

10.1 1) n est un naturel, et f est la fonction telle que : $f(x) = (1+x)^n$.
f est continue sur $\mathbb{R}$ (polynôme), donc f a des primitives sur $\mathbb{R}$.

• Une primitive de f sur $\mathbb{R}$ est $F : x \mapsto \dfrac{(1+x)^{n+1}}{n+1}$;

en effet $F' = f$, car pour toute fonction dérivable u et pour tout élément p de $\mathbb{N}$, $(u^p)' = pu^{p-1}u'$.

$F(0) = \dfrac{1}{n+1}$; l'unique primitive de f sur $\mathbb{R}$ qui s'annule en 0 est donc F_0 telle que $F_0 = F - F(0)$,
c'est-à-dire :

pour tout réel x, $F_0(x) = \dfrac{1}{n+1}\,[(1+x)^{n+1} - 1]$.

Les primitives de f sur $\mathbb{R}$ sont toutes les applications $F + C$ où C est une application constante quelconque sur $\mathbb{R}$.

2) D'après le développement de Newton de $(1+x)^n$, il vient :
pour tout x de $\mathbb{R}$,

$$f(x) = C_n^0 + C_n^1 x + \cdots + C_n^k x^k + \cdots + C_n^n x^n.$$

Une primitive de f sur $\mathbb{R}$ est alors :

$$x \mapsto C_n^0 x + C_n^1 \frac{x^2}{2} + \cdots + C_n^k \frac{x^{k+1}}{k+1} + \cdots + C_n^n \frac{x^{n+1}}{n+1},$$

car pour tout p de $\mathbb{N}^*$, $[x \mapsto x^p]' = [x \mapsto px^{p-1}]$.
Cette primitive de f s'annule en 0 ; donc c'est F_0.

3) Par conséquent, pour tout élément n de $\mathbb{N}$ et tout élément x de $\mathbb{R}$,

$$\frac{1}{n+1}\,[(1+x)^{n+1} - 1] = C_n^0 x + C_n^1 \frac{x^2}{2} + \cdots + C_n^n \frac{x^{n+1}}{n+1}.$$

En particulier (remplacer x par 1) :

pour tout n de $\mathbb{N}$, $\dfrac{1}{1} C_n^0 + \dfrac{1}{2} C_n^1 + \cdots + \dfrac{1}{n+1} C_n^n = \dfrac{1}{n+1}\,[2^{n+1} - 1]$.

10.2 $f : x \mapsto \dfrac{2x}{x + \sqrt{x^2 - 1}}$.

1) La fonction $x \mapsto \sqrt{x^2 - 1}$ est définie et continue sur $]-\infty ; -1]$ et sur $[1 ; +\infty[$ (car $x \mapsto \sqrt{x}$ est définie et continue sur $\mathbb{R}_+$).
Les fonctions $x \mapsto 2x$ et $x \mapsto x + \sqrt{x^2 - 1}$ sont donc définies et continues sur $]-\infty ; -1]$ et sur $[1 ; +\infty[$.
Il en résulte que f est définie et continue en tout x de $]-\infty ; -1]$ ou de $[1 ; +\infty[$ tel que $x + \sqrt{x^2 - 1} \neq 0$.
Or $x \mapsto x + \sqrt{x^2 - 1}$ ne s'annule pas sur $[1 ; +\infty[$, et, pour tout élément x de $]-\infty ; -1]$,

$$x + \sqrt{x^2 - 1} = 0 \Leftrightarrow -x = \sqrt{x^2 - 1}$$
$$\Leftrightarrow (-x)^2 = x^2 - 1, \quad \text{car } -x \geqslant 0,$$

(en effet : pour tous a et b de $\mathbb{R}_+$, $a = b \Leftrightarrow a^2 = b^2$),

$$x + \sqrt{x^2 - 1} = 0 \Leftrightarrow 0 = -1 ;$$

donc, pour tout x de $]-\infty ; -1]$, $x + \sqrt{x^2 - 1} \neq 0$.
Notons $D_f =]-\infty ; -1] \cup [1 ; +\infty[$;
f est donc continue sur tout intervalle inclus dans D_f, et par conséquent f admet des primitives sur chacun des intervalles $]-\infty ; -1]$ et $[1 ; +\infty[$.

• Afin de déterminer les primitives de f, commençons par trouver une autre expression de $f(x)$, et pour cela multiplions et divisons par l'expression conjuguée $x - \sqrt{x^2 - 1}$.
Notons que la fonction $x \mapsto x - \sqrt{x^2 - 1}$ ne s'annule pas sur D_f : c'est évident sur $]-\infty ; -1]$, et cela résulte de $0 \neq -1$ sur $[1 ; +\infty[$; en effet, pour tout x de $[1 ; +\infty[$,

$$x - \sqrt{x^2 - 1} = 0 \Leftrightarrow x^2 = x^2 - 1, \quad \text{car } x \geqslant 0.$$

• Pour tout élément x de D_f,

$$f(x) = \frac{2x}{x + \sqrt{x^2 - 1}} \, \frac{x - \sqrt{x^2 - 1}}{x - \sqrt{x^2 - 1}}, \quad \text{car } x - \sqrt{x^2 - 1} \neq 0$$
$$= \frac{2x(x - \sqrt{x^2 - 1})}{x^2 - (x^2 - 1)} = 2x^2 - 2x\sqrt{x^2 - 1}.$$

• Sur chacun des intervalles $]-\infty ; -1]$ et $[1 ; +\infty[$, une primitive de $x \mapsto 2x^2$ étant $x \mapsto \dfrac{2}{3}x^3$, et une primitive de $x \mapsto 2x\sqrt{x^2 - 1}$ étant

$x \mapsto \frac{2}{3}(x^2-1)^{\frac{3}{2}}$, **les primitives de f sont les fonctions $x \mapsto \frac{2}{3}x^3 - \frac{2}{3}(x^2-1)^{\frac{3}{2}} + C$ où C est un réel.**

2) Le réel 2 appartient à l'intervalle $[1\,;+\infty[$, sur lequel f admet des primitives.

L'unique primitive F de f sur $[1\,;+\infty[$ telle que $F(2)=\frac{2}{3}$ est définie par : il existe un réel C tel que :

pour tout x de $[1\,;+\infty[$, $F(x)=\frac{2}{3}\left[x^3-(x^2-1)\sqrt{x^2-1}\right]+C$

et $$F(2)=\frac{2}{3}.$$

Donc : $$\frac{2}{3}=\frac{2}{3}\left[8-3\sqrt{3}\right]+C,\quad C=\frac{2}{3}(3\sqrt{3}-7).$$

Par conséquent, **pour tout élément x de $[1\,;+\infty[$,**

$$\boldsymbol{F(x)=\frac{2}{3}\left[x^3-(x^2-1)\sqrt{x^2-1}+3\sqrt{3}-7\right].}$$

- *Autre façon* : pour tout élément x de $[1\,;+\infty[$,

$$F(x)=\int_2^x \frac{2t}{t+\sqrt{t^2-1}}\,dt+\frac{2}{3},$$

car l'unique primitive de f qui s'annule en a est $x \mapsto \int_a^x f(t)\,dt$.

$$F(x)=\frac{2}{3}\left[t^3-(t^2-1)\sqrt{t^2-1}\right]_2^x+\frac{2}{3}$$
$$=\frac{2}{3}\left[x^3-(x^2-1)\sqrt{x^2-1}+3\sqrt{3}-7\right].$$

10.3 $f : x \mapsto \sin x \sin 2x \sin 3x$.

f est continue sur $\mathbb{R}$ (*produit de fonctions continues sur* $\mathbb{R}$ *du type de la fonction* $x \mapsto \sin ax$, *avec* $a \in \mathbb{R}$, *elle-même fonction continue sur* $\mathbb{R}$ *comme composée de* $x \mapsto ax$ *par* sin), donc f admet des primitives sur $\mathbb{R}$.

• Afin de déterminer les primitives de f, on commence par linéariser f.
Pour tout réel x,

$$\sin x \sin 2x = \frac{1}{2}(\cos(-x) - \cos 3x),$$

$\left(\text{d'après la formule : } \sin a \sin b = \frac{1}{2}[\cos(a-b) - \cos(a+b)]\right)$,

$$\sin x \sin 2x = \frac{1}{2}(\cos x - \cos 3x),$$

(puisque la fonction cos *est paire),*
d'où :

$$\begin{aligned}\sin x \sin 2x \sin 3x &= \frac{1}{2}(\cos x - \cos 3x)\sin 3x\\ &= \frac{1}{2}(\sin 3x \cos x - \sin 3x \cos 3x)\\ &= \frac{1}{2}\left[\frac{1}{2}(\sin 4x + \sin 2x) - \frac{1}{2}\sin 6x\right],\end{aligned}$$

$\left(\text{d'après la formule : } \sin a \cos b = \frac{1}{2}[\sin(a+b) + \sin(a-b)]\right)$.

Par conséquent, **pour tout réel x,**

$$\boldsymbol{\sin x \sin 2x \sin 3x = \frac{1}{4}(\sin 2x + \sin 4x - \sin 6x)}.$$

• Pour tout réel non nul a, une primitive sur $\mathbb{R}$ de $x \mapsto \sin ax$ est $x \mapsto -\frac{1}{a}\cos ax$, donc les primitives sur $\mathbb{R}$ de f sont les fonctions $x \mapsto \frac{1}{4}\left(-\frac{\cos 2x}{2} - \frac{\cos 4x}{4} + \frac{\cos 6x}{6}\right) + C$ où C est un réel.
Les primitives sur $\mathbb{R}$ de $x \mapsto \sin x \sin 2x \sin 3x$ sont donc les fonctions

$$\boldsymbol{x \mapsto -\frac{1}{8}\left(\cos 2x + \frac{1}{2}\cos 4x - \frac{1}{3}\cos 6x\right) + C}$$

où C est un réel.

10.4 $\int_0^x \sin^4 t \, dt = \frac{3}{8}x$.

• La fonction $x \mapsto \sin^4 x$ est continue sur $\mathbb{R}$ (*comme produit de fonctions continues sur* $\mathbb{R}$, *car la fonction sinus est continue sur* $\mathbb{R}$), donc la fonction $x \mapsto \sin^4 x$ admet des primitives sur $\mathbb{R}$.

On se propose de déterminer une expression simple de celle de ses primitives qui s'annule en 0, c'est-à-dire de la fonction

$$F : x \mapsto \int_0^x \sin^4 t \, dt .$$

• Commençons par linéariser la fonction $x \mapsto \sin^4 x$;
pour tout réel x, $\sin x = \dfrac{e^{ix} - e^{-ix}}{2i}$; or, en développant par la formule de Newton le binôme $(e^{ix} - e^{-ix})^4$, et en utilisant les propriétés

pour tous réels a et b, $e^{ia} e^{ib} = e^{i(a+b)}$,

et pour tout réel x et tout entier n, $(e^{ix})^n = e^{inx}$,

on trouve :

$$\begin{aligned}(e^{ix} - e^{-ix})^4 &= (e^{ix})^4 - 4(e^{ix})^3 e^{-ix} + 6(e^{ix})^2 (e^{-ix})^2 \\ &\quad - 4 e^{ix}(e^{-ix})^3 + (e^{-ix})^4 \\ &= e^{i4x} - 4 e^{i2x} + 6 - 4 e^{-i2x} + e^{-i4x} .\end{aligned}$$

De :

pour tout réel x et tout entier n, $e^{inx} + e^{-inx} = 2 \cos nx$,
il résulte alors que, pour tout réel x,

$$\boldsymbol{\sin^4 x} = \frac{1}{16} (e^{ix} - e^{-ix})^4 = \boldsymbol{\frac{1}{8} (\cos 4x - 4 \cos 2x + 3)} .$$

Autre façon : pour tout réel x,

$$\begin{aligned}\sin^4 x = (\sin^2 x)^2 &= \left(\frac{1 - \cos 2x}{2} \right)^2 \\ &= \frac{1}{4} (1 - 2 \cos 2x + \cos^2 2x) \\ &= \frac{1}{4} \left(1 - 2 \cos 2x + \frac{1 + \cos 4x}{2} \right) \\ &= \frac{1}{8} (\cos 4x - 4 \cos 2x + 3) .\end{aligned}$$

• De l'expression linéarisée de $t \mapsto \sin^4 t$, on déduit que, pour tout réel x,

$$\int_0^x \sin^4 t \, dt = \frac{1}{8} \left[\int_0^x \cos 4t \, dt - 4 \int_0^x \cos 2t + 3 \int_0^x 1 \, dt \right] ;$$

pour tout réel a, $[t \mapsto \sin at]' = [t \mapsto a \cos at]$, donc :

$$\int_0^x \sin^4 t \, dt = \frac{1}{8} \left(\left[\frac{\sin 4t}{4} \right]_0^x - 4 \left[\frac{\sin 2t}{2} \right]_0^x + 3x \right) ;$$

finalement, pour tout réel x,

$$\boldsymbol{\int_0^x \sin^4 t \, dt = \frac{1}{8} \left(\frac{\sin 4x}{4} - 2 \sin 2x + 3x \right)} .$$

Par conséquent, pour tout réel x,

$$\int_0^x \sin^4 t \, dt - \frac{3}{8} x = \frac{1}{8} \left(\frac{\sin 4x}{4} - 2 \sin 2x \right)$$
$$= \frac{\sin 2x}{4} \left(\frac{\cos 2x}{4} - 1 \right) .$$

• Pour tout réel x, $\cos 2x \neq 4$, donc $\dfrac{\cos 2x}{4} - 1 \neq 0$; par suite, pour tout réel x, $\displaystyle\int_0^x \sin^4 t \, dt = \frac{3}{8} x$ équivaut à $\sin 2x = 0$, c'est-à-dire à : il existe un élément k de $\mathbb{Z}$ tel que $2x = k\pi$.

L'ensemble des réels x tels que $\displaystyle\int_0^x \sin^4 t \, dt = \frac{3}{8} x$ est $\dfrac{\pi}{2} \mathbb{Z}$.

10.5 *Dans chacun des exercices suivants, la fonction f étant continue sur l'intervalle I, une primitive sur I de la fonction f est la fonction F.*

1) $f : x \mapsto \dfrac{x}{\sqrt{1 + x^2}}$.

(f est continue sur $\mathbb{R}$ car, pour tout réel x, $1 + x^2 > 0$.)

I est un intervalle quelconque de $\mathbb{R}$, et on a

$$\boldsymbol{F : x \mapsto \sqrt{1 + x^2}} .$$

Voir les primitives des fonctions du type $g^\alpha g'$ $\left(\text{ici } \alpha = -\frac{1}{2}\right)$.

2) $f : x \mapsto \sin(2x + 3)$.

I est un intervalle quelconque de $\mathbb{R}$, et on a

$$\boldsymbol{F : x \mapsto -\frac{1}{2} \cos(2x + 3)} .$$

Voir les primitives des fonctions du type $x \mapsto g'(ax + b)$.

3) $f : x \mapsto \dfrac{x+3}{(x+1)^4}$.

I est n'importe quel intervalle de $\mathbb{R}$ tel que $-1 \notin I$, et on a

$$\boldsymbol{F : x \mapsto -\frac{1}{2(x+1)^2} - \frac{2}{3(x+1)^3}}.$$

Pour cela, écrire au numérateur : $x+3 = (x+1)+2$.

4) $f : x \mapsto \dfrac{\cos 2x}{\sin^2 2x}$.

I est tout intervalle de $\mathbb{R}$ n'ayant pas d'élément de la forme $k\dfrac{\pi}{2}$, avec $k \in \mathbb{Z}$ *(afin que* $x \mapsto \dfrac{1}{\sin^2 2x}$ *soit continue)* et on a

$$\boldsymbol{F : x \mapsto \frac{-1}{2 \sin 2x}}.$$

Voir les primitives des fonctions du type $g^{\alpha} g'$ *(ici* $\alpha = -2$).

5) $f : x \mapsto 1 + \tan^2 3x$.

I est tout intervalle de $\mathbb{R}$ n'ayant pas d'élément du type $\dfrac{\pi}{6} + k\dfrac{\pi}{3}$ avec $k \in \mathbb{Z}$ *(afin que* $x \mapsto \tan 3x$ *soit continue)* et on a

$$\boldsymbol{F : x \mapsto \frac{\tan 3x}{3}}.$$

6) $f : x \mapsto x\,e^{1+x^2}$.

I est un intervalle quelconque de $\mathbb{R}$, et on a

$$\boldsymbol{F : x \mapsto \frac{1}{2} e^{1+x^2}}.$$

Voir les primitives des fonctions du type $x \mapsto g'(x)\,e^{g(x)}$.

7) $f : x \mapsto \dfrac{x^3}{x^4+1}$.

I est un intervalle quelconque de $\mathbb{R}$, et on a

$$\boldsymbol{F : x \mapsto \frac{1}{4} \ln(x^4+1)}.$$

Voir les primitives des fonctions du type $x \mapsto \dfrac{g'(x)}{g(x)}$.

8) $f : x \mapsto \tan x$.

I est tout intervalle de $\mathbb{R}$ n'ayant pas d'élément de la forme $(2k+1)\dfrac{\pi}{2}$ avec $k \in \mathbb{Z}$ (*afin que* $x \mapsto \tan x$ *soit continue*), et on a

$$\boldsymbol{F : x \mapsto -\ln |\cos x|}$$

$\left(\text{en effet, } \tan = \dfrac{\sin}{\cos}\right)$.

Voir les primitives des fonctions du type $x \mapsto \dfrac{g'(x)}{g(x)}$.

10.6 $\displaystyle\int_0^{\frac{\pi}{4}} \frac{1}{\cos x}\,dx.$

La fonction cos est continue et ne s'annule pas sur $\left[0 ; \frac{\pi}{4}\right]$, donc la fonction $x \mapsto \frac{1}{\cos x}$ est continue sur $\left[0 ; \frac{\pi}{4}\right]$, et par conséquent $\displaystyle\int_0^{\frac{\pi}{4}} \frac{1}{\cos x}\,dx$ existe.

1) Notons D le complémentaire dans $\mathbb{R}$ de l'ensemble des réels de la forme $\frac{\pi}{2} + k\pi$, avec $k \in \mathbb{Z}$ (c'est-à-dire de l'ensemble noté $\frac{\pi}{2} + \pi\mathbb{Z}$).

Pour tout élément x de D :

$$\frac{\cos x}{1+\sin x} + \frac{\cos x}{1-\sin x} = \frac{\cos x\,(1-\sin x + 1 + \sin x)}{1-\sin^2 x} = \frac{2\cos x}{\cos^2 x} = \frac{2}{\cos x}.$$

Ainsi, **pour tout élément x de D,**

$$\boldsymbol{\frac{1}{\cos x} = \frac{1}{2}\left(\frac{\cos x}{1+\sin x} + \frac{\cos x}{1-\sin x}\right)}.$$

2) La fonction $x \mapsto \frac{1}{\cos x}$ est continue en tout réel de l'ensemble D, donc elle admet des primitives sur tout intervalle inclus dans D, c'est-à-dire ne contenant pas de réel de $\frac{\pi}{2} + \pi\mathbb{Z}$.

Sur tout intervalle $\mathfrak{I}$ inclus dans D, une primitive de $x \mapsto \frac{\cos x}{1+\sin x}$ est $x \mapsto \ln|1+\sin x|$ et une primitive de $x \mapsto \frac{\cos x}{1-\sin x}$ est $x \mapsto -\ln|1-\sin x|$.

Par conséquent, les primitives sur $\mathfrak{I}$ de $x \mapsto \frac{1}{\cos x}$ sont les fonctions $x \mapsto \frac{1}{2}(\ln|1+\sin x| - \ln|1-\sin x|) + C$ où $C \in \mathbb{R}$.

Or, pour tout réel x de D, $-1 < \sin x < 1$, donc $1 + \sin x > 0$ et $1 - \sin x > 0$.

Ainsi, **sur chaque intervalle $\mathcal{J}$ inclus dans *D*, les primitives de $x \mapsto \dfrac{1}{\cos x}$ sont les fonctions :**

$$x \mapsto \frac{1}{2} \ln \frac{1+\sin x}{1-\sin x} + C,$$

où *C* est un réel.

3) $$I = \left[\frac{1}{2} \ln \frac{1+\sin x}{1-\sin x} \right]_0^{\frac{\pi}{4}} = \frac{1}{2} \ln \frac{1+\frac{\sqrt{2}}{2}}{1-\frac{\sqrt{2}}{2}},$$

$$I = \frac{1}{2} \ln \frac{2+\sqrt{2}}{2-\sqrt{2}} = \frac{1}{2} \ln \frac{\sqrt{2}+1}{\sqrt{2}-1} = \frac{1}{2} \ln (\sqrt{2}+1)^2,$$

donc : $\boldsymbol{I = \ln (\sqrt{2}+1)}$.

10.7 $f(x) = \cos (\ln x)$ et $g(x) = \sin (\ln x)$.

1) La fonction ln est définie et continue sur $\mathbb{R}_+^*$, les fonctions cos et sin sont continues sur $\mathbb{R}$, par conséquent **f et g sont définies et continues sur $\mathbb{R}_+^*$** (*comme composées de fonctions continues*), f et g admettent donc des primitives sur l'intervalle $]0 ; +\infty[$.

2) Notons F et G les primitives respectives de f et g sur $]0 ; +\infty[$ qui s'annulent en 1 (*cela a un sens car* $1 \in]0 ; +\infty[$) ; donc, pour tout élément x de $\mathbb{R}_+^*$,

$$F(x) = \int_1^x \cos (\ln t)\, dt \quad \text{et} \quad G(x) = \int_1^x \sin(\ln t)\, dt.$$

L'idée de faire des intégrations par parties pour trouver des relations entre F et G provient de $\cos' = -\sin$ *et de* $\sin' = \cos$; *mais il faut voir les choses de plus près en raison de* ln.

• Posons, en vue du calcul de $F(x)$ par parties :
pour tout élément t de $\mathbb{R}_+^*$,

$$u(t) = \cos (\ln t), \quad u'(t) = -\sin (\ln t) \frac{1}{t},$$
$$v'(t) = 1, \quad v(t) = t ;$$

u et v sont continûment dérivables sur $\mathbb{R}_+^*$, donc, pour tout élément x de $\mathbb{R}_+^*$,

$$\int_1^x \cos (\ln t)\, dt = [t \cos (\ln t)]_1^x + \int_1^x \sin (\ln t)\, dt.$$

On a établi :

$$\textbf{pour tout } \boldsymbol{x} \textbf{ de } \mathbb{R}_+^*, \ \boldsymbol{F(x) = x\cos(\ln x) - 1 + G(x)},$$

• De même, calculons par parties $G(x)$, en posant : pour tout t de $\mathbb{R}_+^*$,

$$u(t) = \sin(\ln t), \quad u'(t) = \cos(\ln t)\frac{1}{t},$$
$$v'(t) = 1, \quad v(t) = t;$$

u et v sont continûment dérivables sur $\mathbb{R}_+^*$, donc, pour tout élément x de $\mathbb{R}_+^*$,

$$\int_1^x \sin(\ln t)\,dt = [t\sin(\ln t)]_1^x - \int_1^x \cos(\ln t)\,dt.$$

On a établi :

$$\textbf{pour tout } \boldsymbol{x} \textbf{ de } \mathbb{R}_+^*, \ \boldsymbol{G(x) = x\sin(\ln x) - F(x)},$$

• Par conséquent, **pour tout élément x de $\mathbb{R}_+^*$,**

$$\begin{cases} F(x) = x\cos(\ln x) - 1 + G(x) \\ G(x) = x\sin(\ln x) - F(x), \end{cases}$$

c'est-à-dire
$$\begin{cases} F(x) + G(x) = x\sin(\ln x) \\ F(x) - G(x) = x\cos(\ln x) - 1, \end{cases}$$

donc :

$$\boldsymbol{F(x) = \frac{x}{2}(\sin(\ln x) + \cos(\ln x)) - \frac{1}{2}}$$

et

$$\boldsymbol{G(x) = \frac{x}{2}(\sin(\ln x) - \cos(\ln x)) + \frac{1}{2}}.$$

On a d'abord cherché les primitives de f et g qui s'annulent en 1 *afin de profiter des expressions simples de* $\cos(\ln 1)$ *et de* $\sin(\ln 1)$.

3) Toute primitive de f (respectivement g) se déduit de F (respectivement G) par addition d'une application constante.
Donc **les primitives de f sur $]0\,;+\infty[$ sont les fonctions :**

$$\boldsymbol{x \mapsto \frac{x}{2}(\sin(\ln x) + \cos(\ln x)) + C_1},$$

avec C_1 réel ; les primitives de g sur $]0\,;+\infty[$ sont les fonctions :

$$\boldsymbol{x \mapsto \frac{x}{2}(\sin(\ln x) - \cos(\ln x)) + C_2},$$

avec C_2 réel.

10.8 $\int_1^a x^\alpha \ln x \, dx$.

• Pour tout α de $\mathbb{R}$, les fonctions $x \mapsto x^\alpha$ et $x \mapsto \ln x$ sont continues sur $\mathbb{R}_+^*$; par conséquent, la fonction $x \mapsto x^\alpha \ln x$ est continue sur $\mathbb{R}_+^*$ (produit de fonctions continues) donc admet des primitives sur l'intervalle $]0 ; +\infty[$.

Pour tout élément a de $\mathbb{R}_+^*$, $\int_1^a x^\alpha \ln x \, dx$ est alors défini : c'est la valeur en a de la primitive de $x \mapsto x^\alpha \ln x$ qui s'annule en 1.

• Effectuons une intégration par parties, *en effet* ln *est une fonction dont la dérivée est simple ;* posons, pour tout x de $\mathbb{R}_+^*$,

$$u(x) = \ln x, \qquad u'(x) = \frac{1}{x},$$

$$v'(x) = x^\alpha, \qquad v(x) = \frac{x^{\alpha+1}}{\alpha+1} \text{ si } \alpha \neq -1,$$

$$\text{et} \quad v(x) = \ln x \text{ si } \alpha = -1.$$

Prendre garde de ne pas oublier le cas $\alpha = -1$, *qui s'impose à cet endroit du calcul de l'intégrale.*

— Premier cas : $\alpha \neq -1$.

u et v sont continûment dérivables sur $\mathbb{R}_+^*$, et *a fortiori* sur $[1 ; a]$ (ou $[a ; 1]$), donc :

$$\int_1^a x^\alpha \ln x \, dx = \left[\frac{x^{\alpha+1}}{\alpha+1} \ln x\right]_1^a - \int_1^a \frac{1}{x} \frac{x^{\alpha+1}}{\alpha+1} dx$$

$$= \frac{a^{\alpha+1}}{\alpha+1} \ln a - \frac{1}{\alpha+1} \int_1^a x^\alpha \, dx$$

$$= \frac{a^{\alpha+1}}{\alpha+1} \ln a - \frac{1}{\alpha+1} \left[\frac{x^{\alpha+1}}{\alpha+1}\right]_1^a \text{ car } \alpha \neq -1.$$

Donc : **si $\alpha \neq -1$,**

$$\boldsymbol{\int_1^a x^\alpha \ln x \, dx = \frac{a^{\alpha+1}}{\alpha+1} \ln a - \frac{1}{(\alpha+1)^2} (a^{\alpha+1} - 1)}.$$

— Second cas : $\alpha = -1$.

u et v sont continûment dérivables sur $\mathbb{R}_+^*$, et *a fortiori* sur $[1 ; a]$ (ou $[a ; 1]$), donc :

$$\int_1^a \frac{\ln x}{x} dx = [(\ln x)^2]_1^a - \int_1^a \frac{\ln x}{x} dx.$$

On retrouve, dans le second membre, l'intégrale à calculer multipliée par -1, donc :

$$\int_1^a \frac{\ln x}{x}\,dx = \frac{1}{2}(\ln a)^2 .$$

Autre façon : dans le cas $\alpha = -1$:
la fonction à intégrer est du type $x \mapsto u(x)\,u'(x)$ avec ici $u = \ln$, donc elle admet $x \mapsto \frac{1}{2}(u(x))^2$ pour primitive.

Donc : $$\int_1^a \frac{1}{x}\ln x\,dx = \left[\frac{1}{2}(\ln x)^2\right]_1^a = \frac{1}{2}(\ln a)^2 .$$

10.9 1) $f(x) = \sqrt{x^2+1}$, $g(x) = x + \sqrt{x^2+1}$, $h(x) = \ln(x + \sqrt{x^2+1})$, $k(x) = x\sqrt{x^2+1}$.

- La fonction $u : x \mapsto x^2 + 1$ est dérivable sur $\mathbb{R}$ et on a :

$$\text{pour tout réel } x,\ u(x) > 0.$$

On en déduit que f est dérivable sur $\mathbb{R}$ ($f = \sqrt{u}$), puis qu'il en est de même pour g et k.

- D'autre part, pour tout réel x :

— si $x \geqslant 0$, alors $x + \sqrt{x^2+1} > 0$;
— si $x < 0$, alors $-x > 0$ et :

$$\begin{aligned} x + \sqrt{x^2+1} > 0 &\Leftrightarrow \sqrt{x^2+1} > -x \\ &\Leftrightarrow x^2 + 1 > (-x)^2 \\ &\Leftrightarrow x^2 + 1 > x^2 \\ &\Leftrightarrow 1 > 0 , \end{aligned}$$

donc : $$x + \sqrt{x^2+1} > 0 .$$

On en déduit que h est également dérivable sur $\mathbb{R}$.

Finalement, **f, g, h et k sont quatre fonctions dérivables de $\mathbb{R}$ dans $\mathbb{R}$.**

Remarquons que f, g, h et k, étant dérivables sur $\mathbb{R}$, *sont* a fortiori *continues sur* $\mathbb{R}$.

- Pour tout réel x,

$$f'(x) = (\sqrt{u})'(x), \quad \text{car} \quad f = \sqrt{u}$$

$$f'(x) = \frac{1}{2}\frac{u'(x)}{\sqrt{u(x)}} = \frac{1}{2}\frac{2x}{\sqrt{x^2+1}}, \quad \text{car} \quad u = [x \mapsto x^2 + 1] .$$

Donc, **pour tout réel x, $f'(x) = \dfrac{x}{\sqrt{x^2+1}}$.**

• Pour tout réel x,

$$g'(x) = 1 + f'(x), \quad \text{car} \quad g = [x \mapsto x + f(x)],$$
$$= 1 + \frac{x}{\sqrt{x^2+1}}.$$

Donc, **pour tout réel x, $g'(x) = \dfrac{x + \sqrt{x^2+1}}{\sqrt{x^2+1}}$.**

• Pour tout réel x,

$$h'(x) = (\ln \circ g)'(x), \quad \text{car} \quad h = \ln \circ g,$$
$$h'(x) = \frac{g'(x)}{g(x)} = \frac{1}{\sqrt{x^2+1}}.$$

Donc, **pour tout réel x, $h'(x) = \dfrac{1}{\sqrt{x^2+1}}$.**

• Pour tout réel x,

$$k'(x) = 1\ f(x) + xf'(x), \quad \text{car} \quad k = [x \mapsto xf(x)],$$
$$= \sqrt{x^2+1} + x\frac{x}{\sqrt{x^2+1}}, \quad \text{car} \quad f' = \left[x \mapsto \frac{x}{\sqrt{x^2+1}}\right].$$

Donc, **pour tout réel x, $k'(x) = \dfrac{2x^2+1}{\sqrt{x^2+1}}$.**

2) Pour tout naturel n, la fonction $x \mapsto \dfrac{x^n}{\sqrt{x^2+1}}$ est continue sur $\mathbb{R}$ (*quotient de fonctions continues sur $\mathbb{R}$, $x \mapsto x^n$, et f, avec f qui ne s'annule pas sur $\mathbb{R}$*). Donc, pour tout élément n de $\mathbb{N}$, $\displaystyle\int_0^a \frac{x^n}{\sqrt{x^2+1}}\,dx$, noté I_n, existe.

• $I_0 = \displaystyle\int_0^a \frac{1}{\sqrt{x^2+1}}\,dx = [\ln(x + \sqrt{x^2+1})]_0^a$, car h est une primitive sur $\mathbb{R}$ de $x \mapsto \dfrac{1}{\sqrt{x^2+1}}$.

Donc : $$\boldsymbol{I_0 = \int_0^a \frac{1}{\sqrt{x^2+1}}\,dx = \ln(a + \sqrt{a^2+1})}.$$

• $I_1 = \int_0^a \frac{x}{\sqrt{x^2+1}}\,dx = [\sqrt{x^2+1}]_0^a$ car f est une primitive sur $\mathbb{R}$ de $x \mapsto \frac{x}{\sqrt{x^2+1}}$.

Donc : $$\boldsymbol{I_1 = \int_0^a \frac{x}{\sqrt{x^2+1}}\,dx = \sqrt{a^2+1} - 1}.$$

3) La fonction $f : x \mapsto \sqrt{x^2+1}$, est continue sur $\mathbb{R}$, donc $\int_0^a \sqrt{x^2+1}\,dx$, noté F, existe.

Par ailleurs, cf. 2), I_2 existe, donc $F + I_2$ et $F - I_2$ existent.

• $$F + I_2 = \int_0^a \sqrt{x^2+1}\,dx + \int_0^a \frac{x^2}{\sqrt{x^2+1}}\,dx$$
$$= \int_0^a \left(\sqrt{x^2+1} + \frac{x^2}{\sqrt{x^2+1}}\right) dx$$
$$= \int_0^a \frac{2\,x^2+1}{\sqrt{x^2+1}}\,dx = [x\sqrt{x^2+1}]_0^a,$$

car k est une primitive sur $\mathbb{R}$ de $x \mapsto \frac{2\,x^2+1}{\sqrt{x^2+1}}$ (cf. 1)).

Donc : $$\boldsymbol{F + I_2 = a\sqrt{a^2+1}}.$$

• $$F - I_2 = \int_0^a \sqrt{x^2+1}\,dx - \int_0^a \frac{x^2}{\sqrt{x^2+1}}\,dx$$
$$= \int_0^a \left(\sqrt{x^2+1} - \frac{x^2}{\sqrt{x^2+1}}\right) dx$$
$$= \int_0^a \frac{1}{\sqrt{x^2+1}}\,dx = I_0.$$

Donc : $$\boldsymbol{F - I_2 = \ln\,(a + \sqrt{a^2+1})}.$$

• $$\begin{cases} F + I_2 = a\sqrt{a^2+1} \\ F - I_2 = \ln\,(a + \sqrt{a^2+1}), \end{cases}$$

d'où, en faisant la demi-somme pour obtenir F, et la demi-différence pour obtenir I_2 :

$$\boldsymbol{F = \frac{1}{2}\left(a\sqrt{a^2+1} + \ln\left(a + \sqrt{a^2+1}\right)\right)}$$

et $$\boldsymbol{I_2 = \frac{1}{2}\left(a\sqrt{a^2+1} - \ln\left(a + \sqrt{a^2+1}\right)\right).}$$

• La fonction $g : x \mapsto x + \sqrt{x^2+1}$ est continue sur $\mathbb{R}$, donc

$$\int_0^a \left(x + \sqrt{x^2+1}\right) dx, \quad \text{noté } G \text{, existe}.$$

$$\begin{aligned} G &= \int_0^a \left(x + \sqrt{x^2+1}\right) dx \\ &= \int_0^a x\, dx + \int_0^a \sqrt{x^2+1}\, dx \\ &= \left[\frac{x^2}{2}\right]_0^a + F. \end{aligned}$$

Donc : $$\boldsymbol{G = \frac{a}{2}\left(a + \sqrt{a^2+1}\right) + \frac{1}{2}\ln\left(a + \sqrt{a^2+1}\right).}$$

4) La fonction $h : x \mapsto \ln\left(x + \sqrt{x^2+1}\right)$ est continue sur $\mathbb{R}$, donc

$$\int_0^a \ln\left(x + \sqrt{x^2+1}\right) dx, \quad \text{noté } H \text{, existe}.$$

Pour tout réel x, posons :

$$u : x \mapsto \ln\left(x + \sqrt{x^2+1}\right), \quad u' : x \mapsto \frac{1}{\sqrt{x^2+1}} \quad \text{(cf. 1))},$$

$$v' : x \mapsto 1, \qquad v : x \mapsto x.$$

u et v étant continûment dérivables sur $\mathbb{R}$, il en résulte, par une intégration par parties, que, pour tout réel a,

$$\int_0^a \ln\left(x + \sqrt{x^2+1}\right) dx = \left[x \ln\left(x + \sqrt{x^2+1}\right)\right]_0^a - \int_0^a \frac{x}{\sqrt{x^2+1}}\, dx,$$

c'est-à-dire

$H = a \ln(a + \sqrt{a^2+1}) - I_1$; or $I_1 = \sqrt{a^2+1} - 1$ (cf. 2)), donc :

$$\boldsymbol{H = \int_0^a \ln(x + \sqrt{x^2+1})\,dx = a \ln(a + \sqrt{a^2+1}) - \sqrt{a^2+1} + 1.}$$

10.10 *Intégrales de Wallis*

La fonction sinus est continue sur $\mathbb{R}$, donc en particulier sur $\left[0\,;\frac{\pi}{2}\right]$; on en déduit que, pour tout n de $\mathbb{N}^*$, la fonction $x \mapsto \sin^n x$ est continue sur $\left[0\,;\frac{\pi}{2}\right]$.

Le résultat s'étend pour $n = 0$, car $x \mapsto \sin^0 x$ est la fonction constante sur $\mathbb{R}$, $x \mapsto 1$.

1) $\boldsymbol{I_0} = \int_0^{\frac{\pi}{2}} \sin^0 x\,dx = \int_0^{\frac{\pi}{2}} 1\,dx = \boldsymbol{\frac{\pi}{2}}$,

car $\sin^0$ *est la fonction constante* $x \mapsto 1$,

$$\boldsymbol{I_1} = \int_0^{\frac{\pi}{2}} \sin x\,dx = [-\cos x]_0^{\frac{\pi}{2}} = \boldsymbol{1}.$$

2) Pour tout naturel n, posons :
pour tout élément x de $\left[0\,;\frac{\pi}{2}\right]$,

$$f(x) = \sin^{n+1} x, \quad f'(x) = (n+1)\sin^n x \cos x,$$
$$g'(x) = \sin x, \quad g(x) = -\cos x.$$

f et g étant continûment dérivables sur $\left[0\,;\frac{\pi}{2}\right]$, il résulte de la formule d'intégration par parties que :

$$\int_0^{\frac{\pi}{2}} \sin^{n+2} x\,dx = [-\sin^{n+1} x \cos x]_0^{\frac{\pi}{2}} + (n+1)\int_0^{\frac{\pi}{2}} \sin^n x \cos^2 x\,dx\,;$$

or, par linéarité de l'intégration :

$$\int_0^{\frac{\pi}{2}} \sin^n x(1 - \sin^2 x)\,dx = \int_0^{\frac{\pi}{2}} \sin^n x\,dx - \int_0^{\frac{\pi}{2}} \sin^{n+2} x\,dx.$$

Donc : $I_{n+2} = (n+1)(I_n - I_{n+2})$.

On a démontré que :

pour tout naturel n, $(n+2)\,I_{n+2} = (n+1)\,I_n$.

Remarque

Poser

$$f(x) = \sin^{n+2} x, \quad f'(x) = (n+2)\sin^{n+1} x \cos x,$$
$$g'(x) = 1, \quad g(x) = x,$$

n'aurait pas donné de relation entre I_{n+2} et I_n, car on aurait trouvé l'intégrale : $\int_0^{\frac{\pi}{2}} x \sin^{n+1} x \cos x \, \mathrm{d}x$.

3) *On a établi une formule de récurrence liant I_{n+2} à I_n ; le calcul par récurrence des I_n se fait donc de deux en deux ; les I_{2p}, $p \in \mathbb{N}$, se déduisent alors de I_0, tandis que les I_{2p+1}, $p \in \mathbb{N}$, se déduisent de I_1.*

- La suite $(I_{2p})_{p \in \mathbb{N}}$ est définie par récurrence par :

$$\boldsymbol{I_0 = \frac{\pi}{2}} \quad \text{(cf. 1))}$$

et pour tout naturel p, $\boldsymbol{I_{2(p+1)} = \dfrac{2p+1}{2p+2} I_{2p}}$ (cf. 2).

D'où, pour tout naturel p,

$$\begin{aligned} I_{2p+2} &= \frac{2p+1}{2p+2} I_{2p} \\ &= \frac{2p+1}{2p+2} \cdot \frac{2p-1}{2p} I_{2p-2} \\ &\cdots\cdots\cdots\cdots\cdots\cdots \\ &= \frac{2p+1}{2p+2} \cdot \frac{2p-1}{2p} \cdots \frac{3}{4} \cdot \frac{1}{2} I_0 \\ &= \frac{2p+1}{2p+2} \cdot \frac{2p-1}{2p} \cdots \frac{3}{4} \cdot \frac{1}{2} \cdot \frac{\pi}{2} \end{aligned}$$

car : $$I_0 = \frac{\pi}{2}.$$

Donc, **pour tout naturel p non nul,**

$$\boldsymbol{I_{2p} = \frac{\pi}{2} \cdot \frac{1}{2} \cdot \frac{3}{4} \cdots \frac{2k-1}{2k} \cdots \frac{2p-3}{2p-2} \cdot \frac{2p-1}{2p}}.$$

En multipliant et en divisant I_{2p} par $2.4. \ldots (2p+2)2p$, on obtient :

$$I_{2p} = \frac{\pi}{2}\frac{1 \times 2 \times 3 \times 4 \times \ldots (2p-3)(2p-2)(2p-1) \times 2p}{[2 \times 4 \times \ldots (2p-2)2p]^2}$$
$$= \frac{\pi}{2}\frac{(2p)!}{2^{2p}(p!)^2},$$

formule encore valable pour $p = 0$ puisque $I_0 = \frac{\pi}{2}$ et $0! = 1$.

Donc : **pour tout naturel p, $I_{2p} = \frac{\pi}{2}\frac{(2p)!}{2^{2p}(p!)^2}$.**

- La suite $(I_{2p+1})_{p \in \mathbb{N}}$ est définie par récurrence par :

$$\mathbf{I_1 = 1} \quad \text{(cf. 1))}$$

et pour tout naturel p, $\mathbf{I_{2(p+1)+1} = \frac{2p+2}{2p+3} I_{2p+1}}$ (cf. 2)).

D'où, pour tout naturel p,

$$I_{2p+3} = \frac{2p+2}{2p+3} I_{2p+1}$$
$$= \frac{2p+2}{2p+3} \cdot \frac{2p}{2p+1} I_{2p-1},$$

et en itérant :

$$I_{2p+3} = \frac{2p+2}{2p+3} \cdot \frac{2p}{2p+1} \cdots \frac{4}{5} \cdot \frac{2}{3} I_1 ;$$

or $I_1 = 1$, donc, **pour tout naturel non nul p,**

$$\mathbf{I_{2p+1} = \frac{2}{3} \cdot \frac{4}{5} \cdots \frac{2k}{2k+1} \cdots \frac{2p-2}{2p-1} \cdot \frac{2p}{2p+1}}.$$

En multipliant et en divisant I_{2p+1} par $2.4. \ldots (2p-2)2p$, on obtient :

$$I_{2p+1} = \frac{[2 \times 4 \times \ldots (2p-2)2p]^2}{2 \times 3 \times 4 \times 5 \times \ldots (2p-2)(2p-1)2p(2p+1)}$$
$$= \frac{2^{2p}(p!)^2}{(2p+1)!},$$

formule encore valable pour $p = 0$, puisque $I_1 = 1$ et $0! = 1$.

Donc : **pour tout entier naturel p, $I_{2p+1} = \frac{2^{2p}(p!)^2}{(2p+1)!}$.**

4) a) Pour tout x de $\left[0\,;\frac{\pi}{2}\right]$, $0 \leqslant \sin x \leqslant 1$.

• Soit x un élément de $\left[0\,;\frac{\pi}{2}\right]$;

— de $0 \leqslant \sin x$, il résulte pour tout naturel n, $0 \leqslant \sin^n x$,
— et de $\sin x \leqslant 1$, il résulte alors, en multipliant par le réel positif $\sin^n x$, que $\sin^{n+1} x \leqslant \sin^n x$.

Donc, **pour tout naturel *n*,**

$$\textbf{pour tout } x \textbf{ de } \left[0\,;\frac{\pi}{2}\right],\ \sin^{n+1} x \leqslant \sin^n x.$$

Il en résulte que, pour tout naturel n,

$$\int_0^{\frac{\pi}{2}} \sin^{n+1} x\,\mathrm{d}x \leqslant \int_0^{\frac{\pi}{2}} \sin^n x\,\mathrm{d}x,$$

c'est-à-dire : pour tout naturel n, $I_{n+1} \leqslant I_n$.
La suite $(I_n)_{n\in\mathbb{N}}$ est donc décroissante.

b) La suite $(I_n)_{n\in\mathbb{N}}$ étant décroissante :
pour tout élément n de $\mathbb{N}$, $I_{n+2} \leqslant I_{n+1} \leqslant I_n$.
Or, pour tout entier n, $I_n > 0$ (cf. *les valeurs de* I_n *trouvées en* 3)), donc :

pour tout naturel n, $\quad \dfrac{I_{n+2}}{I_n} \leqslant \dfrac{I_{n+1}}{I_n} \leqslant \dfrac{I_n}{I_n}$.

De la formule $I_{n+2} = \dfrac{n+1}{n+2} I_n$ *(établie en 2))*, il résulte alors que :

pour tout naturel *n*, $\quad \boldsymbol{\dfrac{n+1}{n+2} \leqslant \dfrac{I_{n+1}}{I_n} \leqslant 1}$.

Notons que, par conséquent, $\displaystyle\lim_{n\to+\infty} \frac{I_{n+1}}{I_n} = 1$.

Remarques

α) *Pour prouver que* $I_n > 0$, *on peut soit, comme on l'a fait, invoquer les valeurs de* I_n, *trouvées en* 3) *soit dire que* $\sin^n$ *est une application de* $\left[0, \frac{\pi}{2}\right]$ *dans* $\mathbb{R}$ *continue, positive et distincte de l'application nulle.*

β) *Le calcul direct de* $\frac{I_{n+1}}{I_n}$ *à partir des formules du* 3), *outre qu'il nécessite une discussion sur la parité de n, n'est pas utile pour résoudre la question.*

5) $\lim\limits_{n \to +\infty} \frac{I_{n+1}}{I_n} = 1$, donc : $\lim\limits_{p \to +\infty} \frac{\pi}{2} \frac{I_{2p+1}}{I_{2p}} = \frac{\pi}{2}$,

car la suite $\left(\frac{I_{2p+1}}{I_{2p}}\right)_{p \in \mathbb{N}}$ *est extraite de la suite* $\left(\frac{I_{n+1}}{I_n}\right)_{n \in \mathbb{N}}$.

Cela s'écrit alors, avec les formules du 3) *(on prend alternativement un terme du produit* I_{2p+1} *et un terme de l'inverse du produit* I_{2p}*) :*

$$\lim_{p \to +\infty} \frac{2}{1} \cdot \frac{2}{3} \cdot \frac{4}{3} \cdot \frac{4}{5} \cdots \frac{2p-2}{2p-3} \cdot \frac{2p-2}{2p-1} \cdot \frac{2p}{2p-1} \cdot \frac{2p}{2p+1} = \frac{\pi}{2}.$$

6) $u_p = \prod\limits_{k=1}^{p} \left(1 - \frac{1}{4k^2}\right)$.

6) a) Pour tout naturel p non nul,

$$u_{p+1} = \prod_{k=1}^{p+1} \left(1 - \frac{1}{4k^2}\right) = \left(1 - \frac{1}{4(p+1)^2}\right) \prod_{k=1}^{p} \left(1 - \frac{1}{4k^2}\right),$$

$$u_{p+1} = u_p \left(1 - \frac{1}{4(p+1)^2}\right),$$

$$u_{p+1} \leqslant u_p \left(\text{car} \quad u_p > 0 \quad \text{et} \quad 1 - \frac{1}{4(p+1)^2} < 1\right).$$

Donc, pour tout élément p de $\mathbb{N}^*$, $u_{p+1} \leqslant u_p$;
par conséquent, **la suite u est décroissante.**

b) *La suite u est décroissante et minorée par* 0 *(car les termes* u_p *sont tous positifs) donc la suite u converge, et sa limite L est un réel positif. Retrouvons ce résultat et déterminons L.*

Pour tout k de $\mathbb{N}^*$, $1 - \frac{1}{4k^2} = \frac{4k^2 - 1}{4k^2} = \frac{(2k-1)(2k+1)}{2k \cdot 2k}$; donc,

pour tout naturel p non nul,

$$u_p = \prod_{k=1}^{p} \left(1 - \frac{1}{4k^2}\right)$$

$$= \frac{1 \times 3}{2 \times 2} \times \frac{3 \times 5}{4 \times 4} \cdots \frac{(2k-1)(2k+1)}{2k \times 2k} \cdots \frac{(2p-1)(2p+1)}{2p \times 2p}.$$

De la formule de Wallis, il résulte alors que la suite u est convergente, et que sa limite L est $\frac{2}{\pi}$.

Donc : $$\lim_{p \to +\infty} \prod_{k=1}^{p} \left(1 - \frac{1}{4k^2}\right) = \frac{2}{\pi} \quad \text{et} \quad \pi = \frac{2}{L}.$$

c) On utilise la définition par récurrence de la suite u :

$$u_1 = 0{,}75 \text{ et pour tout } p \text{ de } \mathbb{N}^*, \ u_{p+1} = u_p\left(1 - \frac{1}{4(p+1)^2}\right).$$

Par ailleurs : pour tout p de $\mathbb{N}^*$, $\pi_p = \frac{2}{u_p}$.

p	u_p	π_p
1	0,75	2,666 666 7
2	0,703 125	2,844 444 4
3	0,683 593 7	2,925 714 3
4	0,672 912 6	2,972 154 2
5	0,666 183 5	3,002 176 0
6	0,661 557 2	3,023 170 2
7	0,658 181 9	3,038 673 6
8	0,655 610 9	3,050 590 0
9	0,653 587 4	3,060 034 5
10	0,651 953 4	3,067 703 8

Enfin, avec une calculatrice programmable, on établit que :

$$\pi_{100} \approx \mathbf{3{,}133\,787\,4} \quad \text{et} \quad \pi_{1000} \approx \mathbf{3{,}140\,807\,7}.$$

On a calculé mille termes de la suite $(\pi_p)_{p \in \mathbb{N}^*}$ pour réussir à obtenir deux décimales exactes de π. On voit que la convergence vers π de la suite $(\pi_p)_{p \in \mathbb{N}^*}$ est très lente, et que la formule de Wallis n'est pas un bon moyen pour évaluer π.

11. Encadrer une intégrale

Positivité

Soit f une fonction continue sur un intervalle I et soient a et b des réels de I tels que $a \leqslant b$;

si : pour tout t de $[a\,;b]$ $\quad f(t) \geqslant 0$,

alors : $$\int_a^b f(t)\,dt \geqslant 0.$$

Intégration et inégalité

Soient f et g des fonctions continues sur un intervalle I et soient a et b des réels de I tels que $a \leqslant b$;

si : pour tout t de $[a\,;b]$ $\quad f(t) \leqslant g(t)$,

alors : $$\int_a^b f(t)\,dt \leqslant \int_a^b g(t)\,dt.$$

Inégalité de la moyenne

■ Soit f une fonction continue sur un intervalle I et soient a et b des réels de I tels que $a \leqslant b$; si m et M sont des réels tels que pour tout t de $[a\,;b]$ $m \leqslant f(t) \leqslant M$,

alors $$m(b-a) \leqslant \int_a^b f(t)\,dt \leqslant M(b-a).$$

■ Soit f une fonction continue sur l'intervalle I et soient a et b des réels de I tels que $a \leqslant b$;
si M est un réel tel que $\forall t \in [a\,;b]$ $|f(t)| \leqslant M$,

alors $$\left|\int_a^b f(t)\,dt\right| \leqslant M(b-a).$$

Le réel $\dfrac{1}{b-a}\displaystyle\int_a^b f(t)\,dt$ est dit la **valeur moyenne** de f sur $[a\,;b]$.

ÉNONCÉS

11.1 Montrer que l'on a :

pour tout x de $]0\,;+\infty[$, $\displaystyle\int_x^{x^2} \ln^3 t\,\mathrm{d}t \geqslant 0$.

Ne pas tenter de calculer l'intégrale.

11.2 Soit F la fonction : $x \mapsto \displaystyle\int_1^x \frac{2}{3+t^4}\,\mathrm{d}t$.

Justifier que F est définie et dérivable sur $\mathbb{R}$, puis montrer que F est positive sur $[1\,;+\infty[$.

11.3 *Valeurs moyennes d'une fonction et de son inverse*

Soient a et b des réels tels que : $a < b$ et $ab \geqslant 0$.
Déterminer les valeurs moyennes sur $[a\,;b]$, notées m_1 et m_2 respectivement, de la fonction $f : x \mapsto x^2$, et de son inverse, la fonction $\dfrac{1}{f}$.

En déduire que : $m_1\, m_2 > 1$.

11.4 Démontrer que, pour tout x de $\left[0\,;\dfrac{\pi}{4}\right]$:

$$\sqrt[3]{3} \leqslant \sqrt[3]{4-\cos^2 x} \leqslant \sqrt[3]{\frac{7}{2}}.$$

En déduire, sans chercher à calculer l'intégrale, que :

$$1{,}132 \leqslant \int_0^{\frac{\pi}{4}} \sqrt[3]{4-\cos^2 x}\,\mathrm{d}x \leqslant 1{,}193\,.$$

11.5 Pour tout naturel n, on considère le réel I_n tel que :

$$I_n = \int_0^{\frac{\pi}{4}} \tan^n x\ \mathrm{d}x\,.$$

On se propose d'étudier la convergence de la suite $(I_n)_{n\in\mathbb{N}}$.

1) Soit u la fonction définie sur $\left[0\,;\dfrac{\pi}{4}\right]$ par :

$$u(x) = \tan x - \frac{4}{\pi}x\,.$$

Déterminer u' et en déduire le sens de variation de la fonction u sur l'intervalle $\left[0\,;\frac{\pi}{4}\right]$.

2) Déduire de 1) que :

$$\text{pour tout } x \text{ de } \left[0\,;\frac{\pi}{4}\right],\ 0 \leqslant \tan x \leqslant \frac{4}{\pi}x,$$

puis que, pour tout naturel n,

$$0 \leqslant I_n \leqslant \frac{\pi}{4(n+1)}.$$

3) Démontrer alors que la suite $(I_n)_{n\in\mathbb{N}}$ converge et préciser sa limite.

4) Démontrer que, pour tout naturel n, $I_{n+2} + I_n = \dfrac{1}{n+1}$. Calculer I_0, I_1, I_2, I_3, I_4 et I_5.

11.6 Soit F la fonction de $\mathbb{R}$ dans $\mathbb{R}$ telle que : $F(x) = \displaystyle\int_1^x \frac{e^t}{t}\,dt$. On se propose d'étudier F sur l'intervalle $]0\,;+\infty[$ sans chercher une autre expression de $F(x)$.

1) Démontrer que F est dérivable en tout réel de $]0\,;+\infty[$, et déterminer la fonction dérivée F'.

2) Etudier sur $]0\,;+\infty[$ le signe de la fonction $F - \ln$.
En déduire : $\displaystyle\lim_{\substack{x\to 0\\ x>0}} F(x)$ et $\displaystyle\lim_{x\to+\infty} F(x)$.

3) Démontrer que : pour tout t de $[2\,;+\infty[$, $\dfrac{e^t}{t^2} \geqslant 1$.

En déduire que : pour tout x de $[1\,;+\infty[$, $F(x) \geqslant F(2) + \dfrac{x^2-4}{2}$.

En déduire : $\displaystyle\lim_{x\to+\infty} \frac{F(x)}{x}$.

4) Déterminer le tableau de variation de F et l'allure de la représentation graphique de F.

SOLUTIONS

11.1 Soit x un réel strictement positif. La fonction ln étant continue sur $\mathbb{R}_+^*$, la fonction $\ln^3$ est continue sur tout segment d'extrémités x et x^2 ; cela prouve que l'écriture $\int_x^{x^2} \ln^3 t \, dt$ a bien un sens.

D'autre part, l'ordre dans lequel sont rangés les réels positifs x et x^2 dépend de la position de x par rapport à 1 ; nous sommes amenés à distinguer les deux cas : $x \leqslant 1$, $x \geqslant 1$.

- Si $0 < x \leqslant 1$, alors $x^2 \leqslant x$;
de plus : pour tout t de $[x^2 ; x]$, $\ln^3 t \leqslant 0$
(car $\ln \leqslant 0$ sur $]0 ; 1]$ et $0 < x^2 \leqslant x \leqslant 1$).
Il vient : $\int_x^{x^2} \ln^3 t \, dt \geqslant 0$.

- Si $x \geqslant 1$, alors $x \leqslant x^2$, et pour tout t de $[x ; x^2]$: $\ln^3 t \geqslant 0$,
(car $\ln \geqslant 0$ sur $[1 ; +\infty[$ et $1 \leqslant x \leqslant x^2$),

donc :
$$\int_x^{x^2} \ln^3 t \, dt \geqslant 0 .$$

Finalement, on a démontré : **pour tout x de $]0 ; +\infty[$,**

$$\boldsymbol{\int_x^{x^2} \ln^3 t \, dt \geqslant 0 .}$$

11.2 $F : x \mapsto \int_1^x \frac{2}{3+t^4} dt$

- La fonction rationnelle $f : t \mapsto \frac{2}{3+t^4}$ est continue sur $\mathbb{R}$ (car $t \mapsto 3 + t^4$ ne s'annule pas sur $\mathbb{R}$), donc F est la primitive sur $\mathbb{R}$ de f qui s'annule en 1. Par conséquent, F est définie et dérivable sur $\mathbb{R}$.

- Soit x un élément de $[1 ; +\infty[$; on a : $x \geqslant 1$
et pour tout t de $[1 ; x]$, $\frac{2}{3+t^4} \geqslant 0$,

donc :
$$\int_1^x \frac{2}{3+t^4} dt \geqslant 0 ,$$

ce qui prouve que ***F* est positive sur $[1 ; +\infty[$.**

• *Autre façon*

Pour tout réel x :

$$F'(x) = \frac{2}{3 + x^4},$$

donc : $$F'(x) > 0,$$

ce qui implique que F est strictement croissante sur $\mathbb{R}$;
en particulier : pour tout x de $[1\,;+\infty[$, $F(x) \geqslant F(1)$,
or $F(1) = 0$, donc : F est positive sur $[1\,;+\infty[$.
On démontre de manière analogue que F est négative sur $]-\infty\,;1]$.

11.3 *Valeurs moyennes d'une fonction et de son inverse*

• La fonction $f : x \mapsto x^2$ est continue sur $\mathbb{R}$, donc est continue sur $[a\,;b]$; la valeur moyenne sur $[a\,;b]$ de f est le réel m_1 tel que :

$$m_1 = \frac{1}{b-a}\int_a^b f(x)\,\mathrm{d}x = \frac{1}{b-a}\int_a^b x^2\,\mathrm{d}x = \frac{1}{b-a}\left[\frac{x^3}{3}\right]_a^b$$

$$\boldsymbol{m_1 = \frac{1}{3}\,\frac{b^3-a^3}{b-a} = \frac{1}{3}\,(a^2+ab+b^2)}.$$

• La fonction $\frac{1}{f}$, c'est-à-dire $x \mapsto \frac{1}{x^2}$, est continue sur $]-\infty\,;0[$ et $]0\,;+\infty[$, donc est continue sur $[a\,;b]$ (*en effet* $ab > 0$, *donc* $0 \notin [a\,;b]$). La valeur moyenne sur $[a\,;b]$ de $\frac{1}{f}$ est le réel m_2 tel que :

$$m_2 = \frac{1}{b-a}\int_a^b \frac{1}{f(x)}\,\mathrm{d}x = \frac{1}{b-a}\int_a^b \frac{1}{x^2}\,\mathrm{d}x = \frac{1}{b-a}\left[-\frac{1}{x}\right]_a^b$$

$$\boldsymbol{m_2 = \frac{1}{b-a}\left(-\frac{1}{b}+\frac{1}{a}\right) = \frac{1}{ab}}.$$

$$m_1\,m_2 = \frac{a^2+ab+b^2}{3\,ab},$$

donc : $$m_1\,m_2 - 1 = \frac{a^2+ab+b^2-3\,ab}{3\,ab} = \frac{(a-b)^2}{3\,ab} > 0,$$

car $a \neq b$ *et* $ab > 0$;

il en résulte que : $$\boldsymbol{m_1\,m_2 > 1}.$$

11.4 $\int_0^{\frac{\pi}{4}} 3\sqrt{4-\cos^2 x}\,\mathrm{d}x$.

• La fonction cosinus est continue sur $\mathbb{R}$, donc la fonction $x \mapsto 4 - \cos^2 x$ également.

Pour tout réel x,

$$4 - \cos^2 x \geqslant 3,$$

donc

$$4 - \cos^2 x \geqslant 0,$$

la fonction $f : x \mapsto \sqrt[3]{4 - \cos^2 x}$ est continue sur $\mathbb{R}$, donc en particulier sur $\left[0\,;\frac{\pi}{4}\right]$

(*comme la composée de* $x \mapsto 4 - \cos^2 x$ *par* $x \mapsto \sqrt[3]{x}$, *continue sur* $\mathbb{R}_+$).

On en déduit que :

$$\boldsymbol{\int_0^{\frac{\pi}{4}} \sqrt[3]{4 - \cos^2 x}\,dx} \quad \textbf{existe}.$$

• *Afin d'encadrer cette intégrale, on encadre la fonction* $x \mapsto \sqrt[3]{4 - \cos^2 x}$ *sur* $\left[0\,;\frac{\pi}{4}\right]$.

Pour tout élément x de $\left[0\,;\frac{\pi}{4}\right]$,

$\cos \frac{\pi}{4} \leqslant \cos x \leqslant \cos 0,$ *car* cos *est décroissante sur* $\left[0\,;\frac{\pi}{4}\right]$,

$$\frac{\sqrt{2}}{2} \leqslant \cos x \leqslant 1,$$

$\frac{1}{2} \leqslant \cos^2 x \leqslant 1,$ *car* $t \mapsto t^2$ *est croissante sur* $\mathbb{R}_+$,

$$4 - 1 \leqslant 4 - \cos^2 x \leqslant 4 - \frac{1}{2},$$

$$3 \leqslant 4 - \cos^2 x \leqslant \frac{7}{2},$$

$\sqrt[3]{3} \leqslant \sqrt[3]{4 - \cos^2 x} \leqslant \sqrt[3]{\frac{7}{2}},$ *car* $\sqrt[3]{\ }$ *est croissante sur* $\mathbb{R}_+$.

Ainsi : **pour tout élément x de $\left[0\,;\frac{\pi}{4}\right]$,**

$$\boldsymbol{\sqrt[3]{3} \leqslant \sqrt[3]{4 - \cos^2 x} \leqslant \sqrt[3]{\frac{7}{2}}}.$$

• *Autre façon :* il revient au même de démontrer directement que la fonction $f : x \mapsto \sqrt[3]{4 - \cos^2 x}$ est croissante sur $\left[0\,;\frac{\pi}{4}\right]$.

Dans la composition donnant f, il n'y a que des fonctions monotones, donc f est monotone, et il y a un nombre pair de fonctions décroissantes, donc f est croissante.

f est croissante sur $\left[0\,;\frac{\pi}{4}\right]$, donc :

$$\text{pour tout } x \text{ de } \left[0\,;\frac{\pi}{4}\right] \quad f(0) \leqslant f(x) \leqslant f\left(\frac{\pi}{4}\right)\,;$$

or $$f(0) = \sqrt[3]{3} \quad \text{et} \quad f\left(\frac{\pi}{4}\right) = \sqrt[3]{\frac{7}{2}}$$

• Pour tout élément x de $\left[0\,;\frac{\pi}{4}\right]$, $\sqrt[3]{3} \leqslant \sqrt[3]{4 - \cos^2 x} \leqslant \sqrt[3]{\frac{7}{2}}$
et, cf. intégration et inégalité,

$$\sqrt[3]{3} \int_0^{\frac{\pi}{4}} 1\,\mathrm{d}x \leqslant \int_0^{\frac{\pi}{4}} \sqrt[3]{4 - \cos^2 x}\,\mathrm{d}x \leqslant \sqrt[3]{\frac{7}{2}} \int_0^{\frac{\pi}{4}} 1\,\mathrm{d}x,$$

c'est-à-dire : $\boldsymbol{\sqrt[3]{3}\,\frac{\pi}{4} \leqslant \int_0^{\frac{\pi}{4}} \sqrt[3]{4 - \cos^2 x}\,\mathrm{d}x \leqslant \sqrt[3]{\frac{7}{2}} \times \frac{\pi}{4}}$.

Des valeurs approchées sont fournies par la calculatrice :
$\sqrt[3]{3}\,\frac{\pi}{4} \approx 1{,}132\,740\,2$ et $\sqrt[3]{\frac{7}{2}} \times \frac{\pi}{4} \approx 1{,}192\,465\,7$.

On peut donc affirmer : $\boldsymbol{1{,}132 \leqslant \int_0^{\frac{\pi}{4}} \sqrt[3]{4 - \cos^2 x}\,\mathrm{d}x \leqslant 1{,}193}$.

11.5 $I_n = \int_0^{\frac{\pi}{4}} \tan^n x\,\mathrm{d}x$

1) u est la fonction définie sur $\left[0\,;\frac{\pi}{4}\right]$ par

$$u(x) = \tan x - \frac{4}{\pi}x.$$

u est, comme la fonction tangente, dérivable sur $\left[0\,;\frac{\pi}{4}\right]$ et
pour tout x de $\left[0\,;\frac{\pi}{4}\right]$, $\boldsymbol{u'(x) = 1 + \tan^2 x - \frac{4}{\pi}}$.
La fonction u' est strictement croissante sur $\left[0\,;\frac{\pi}{4}\right]$ car sa dérivée, $x \mapsto 2\tan x\,(1 + \tan^2 x)$, est positive sur $\left[0\,;\frac{\pi}{4}\right]$ et ne s'annule qu'en 0.
$u'(0) = 1 - \frac{4}{\pi} < 0$ (car $4 > \pi$) et $u'\left(\frac{\pi}{4}\right) = 2\left(1 - \frac{2}{\pi}\right) > 0$ (car $\pi > 2$).

Il en résulte qu'il existe un réel $x_0 \in \left]0\,;\frac{\pi}{4}\right[$ et un seul tel que :

pour tout x de $]0\,;x_0[$, $u'(x) < 0$, et pour tout x de $\left]x_0, \frac{\pi}{4}\right[$, $u'(x) > 0$.

Du signe de u' on déduit le sens de variation de u :

***u* est décroissante sur $[0\,;x_0]$ et est croissante sur $\left[x_0\,;\frac{\pi}{4}\right]$.**

x	0		x_0		$\frac{\pi}{4}$
$u'(x)$		$-$	0	$+$	
$u(x)$	0	↘		↗	0

2) • La fonction tangente est croissante sur $\left[0\,;\frac{\pi}{4}\right]$ et $\tan 0 = 0$, donc, pour tout x de $\left[0\,;\frac{\pi}{4}\right]$, $0 \leqslant \tan x$.

• Prouver que : pour tout x de $\left[0\,;\frac{\pi}{4}\right]$, $\tan x \leqslant \frac{4}{\pi}x$, est équivalent à prouver que : pour tout x de $\left[0\,;\frac{\pi}{4}\right]$, $u(x) \leqslant 0$.

Or $u(0) = 0$ et $u\left(\frac{\pi}{4}\right) = 0$ $\left(\text{car } \tan\frac{\pi}{4} = 1\right)$;

comme u est décroissante sur $[0\,;x_0]$ et croissante sur $\left[x_0\,;\frac{\pi}{4}\right]$, il en résulte que u est négative sur $\left[0\,;\frac{\pi}{4}\right]$ et finalement :

$$\textbf{pour tout } x \textbf{ de } \left[0\,;\frac{\pi}{4}\right],\ 0 \leqslant \tan x \leqslant \frac{4}{\pi}x.$$

• Des inégalités précédentes, il résulte que, pour tout naturel n, on a : pour tout x de $\left[0\,;\frac{\pi}{4}\right]$, $0 \leqslant \tan^n x \leqslant \left(\frac{4}{\pi}x\right)^n$.

En effet $a \leqslant b \leqslant c$ implique $a^n \leqslant b^n \leqslant c^n$ puisque la fonction $x \mapsto x^n$ est croissante.

• Par passage aux intégrales dans les inégalités précédentes, *ce qui est possible car $0 \leqslant \frac{\pi}{4}$ et $\tan^n$ est continue sur* $\left[0\,;\frac{\pi}{4}\right]$, il résulte que :

$$0 \leqslant \int_0^{\frac{\pi}{4}} \tan^n x\,dx \leqslant \left(\frac{4}{\pi}\right)^n \int_0^{\frac{\pi}{4}} x^n dx.$$

Or $\int_0^{\frac{\pi}{4}} x^n \mathrm{d}x = \left[\frac{x^{n+1}}{n+1} \right]_0^{\frac{\pi}{4}} = \left(\frac{\pi}{4} \right)^{n+1} \frac{1}{n+1}$, d'où, **pour tout naturel** n,

$$\mathbf{0 \leqslant I_n \leqslant \frac{\pi}{4(n+1)}}.$$

3) On sait que $\lim_{n \to +\infty} \frac{1}{n+1} = 0$, donc $\lim_{n \to +\infty} \frac{\pi}{4(n+1)} = 0$.

La suite $(I_n)_{n \in \mathbb{N}}$ est encadrée par deux suites de même limite L finie, donc elle converge et a pour limite ce réel L ; ici $L = 0$ donc :

$$\lim_{n \to +\infty} \int_0^{\frac{\pi}{4}} \tan^n x \, \mathrm{d}x = 0 .$$

4) • Pour tout naturel n,

$$I_{n+2} + I_n = \int_0^{\frac{\pi}{4}} \tan^{n+2} x \, \mathrm{d}x + \int_0^{\frac{\pi}{4}} \tan^n x \, \mathrm{d}x ,$$

c'est-à-dire, par linéarité de l'intégrale,

$$I_{n+2} + I_n = \int_0^{\frac{\pi}{4}} (1 + \tan^2 x) \tan^n x \, \mathrm{d}x .$$

Il s'agit de l'intégrale d'une fonction du type $x \mapsto g'(x)\, g^n(x)$, avec $g = \tan$;

une primitive de la fonction à intégrer est donc $x \mapsto \frac{g^{n+1}(x)}{n+1}$, et

$$I_{n+2} + I_n = \left[\frac{\tan^{n+1} x}{n+1} \right]_0^{\frac{\pi}{4}} = \frac{1}{n+1} \quad (\textit{car } \tan \frac{\pi}{4} = 1 \ \textit{et } \tan 0 = 0).$$

Ainsi, **pour tout naturel** n,

$$\mathbf{I_{n+2} + I_n = \frac{1}{n+1}}.$$

• *La formule de récurrence précédente, qui lie I_{n+2} à I_n, permet de calculer les réels I_n de proche en proche, de deux en deux : les I_n avec n entier pair se déduisent de I_0, les I_n avec n entier impair se déduisent de I_1.*

Calculons I_0, puis I_2 et I_4 :

$$I_0 = \int_0^{\frac{\pi}{4}} 1 \, \mathrm{d}x = \frac{\pi}{4},$$

donc $$I_2 = -I_0 + \frac{1}{1} = 1 - \frac{\pi}{4},$$

et $$I_4 = - I_2 + \frac{1}{3} = - \frac{2}{3} + \frac{\pi}{4}.$$

Calculons I_1, puis I_3 et I_5 :

$$I_1 = \int_0^{\frac{\pi}{4}} \tan x \, dx = [- \ln |\cos x|]_0^{\frac{\pi}{4}} = \ln \sqrt{2},$$

en effet tan $= \frac{\sin}{\cos}$, tan *est du type* $- \frac{u'}{u}$

donc $$I_3 = - I_1 + \frac{1}{2} = \frac{1}{2} - \ln \sqrt{2},$$

et $$I_5 = - I_3 + \frac{1}{4} = - \frac{1}{4} + \ln \sqrt{2}.$$

n	0	1	2	3	4	5
I_n	$\frac{\pi}{4}$	$\ln \sqrt{2}$	$1 - \frac{\pi}{4}$	$\frac{1}{2} - \ln \sqrt{2}$	$-\frac{2}{3} + \frac{\pi}{4}$	$-\frac{1}{4} + \ln \sqrt{2}$
Valeur approchée	0,79	0,35	0,21	0,15	0,12	0,097

Il est facile de démontrer en outre que la suite (I_n) *est décroissante.*

11.6 $F(x) = \int_1^x \frac{e^t}{t} dt.$

1) Notons f la fonction de $\mathbb{R}$ dans $\mathbb{R}$ telle que $f(t) = \frac{e^t}{t}$.

La fonction f est continue sur $]0 ; +\infty[$, *car f est le quotient de la fonction* exp *continue sur* $]0 ; +\infty[$ *par la fonction* $t \mapsto t$ *continue et ne s'annulant pas sur* $]0 ; +\infty[$, donc f a des primitives sur l'intervalle $]0 ; +\infty[$.
La fonction F est alors l'unique primitive de f sur $]0 ; +\infty[$ qui s'annule en 1 ; par conséquent, **F est dérivable sur $]0 ; +\infty[$, et, pour tout élément x de $]0 ; +\infty[$, $F'(x) = f(x) = \frac{e^x}{x}$.**

2) • *Afin d'étudier sur* $]0 ; +\infty[$ *le signe de la fonction* $F - \ln$, *on peut se proposer d'étudier la variation de* $F - \ln$.
$F - \ln$, différence de deux fonctions dérivables sur $]0 ; +\infty[$, est dérivable sur $]0 ; +\infty[$, et pour x de $]0 ; +\infty[$,

$$(F - \ln)'(x) = F'(x) - \ln'(x) \text{ (par linéarité de la dérivation)},$$
$$= \frac{e^x}{x} - \frac{1}{x},$$
$$= \frac{e^x - 1}{x}$$

donc : $(F - \ln)'(x) > 0$ (*car* exp *est strictement croissante sur* $\mathbb{R}_+^*$ *et* $e^0 = 1$).
La fonction $F - \ln$ est donc strictement croissante sur $]0\,;+\infty[$; or $(F - \ln)(1) = F(1) - \ln 1 = 0 - 0 = 0$, donc :
pour tout x de $]0\,;+\infty[$,
— si $x < 1$, alors $(F - \ln)(x) < (F - \ln)(1)$,

$$F(x) - \ln x < 0,$$

— si $x = 1$, alors $F(1) - \ln 1 = 0$,
— si $x > 1$, alors $(F - \ln)(x) > (F - \ln)(1)$,

$$F(x) - \ln x > 0.$$

On a donc démontré que :
pour tout x de $]0\,;1]$, $F(x) \leqslant \ln x$;
pour tout x de $[1\,;+\infty[$, $F(x) \geqslant \ln x$.

• *Autre façon* :
Etudier le signe de la fonction $F - \ln$, c'est étudier le signe de la fonction $x \mapsto \int_1^x \frac{e^t}{t}\,dt - \int_1^x \frac{1}{t}\,dt$ (par définition de F et parce que ln est l'unique primitive de $t \mapsto \frac{1}{t}$ qui s'annule en 1).
Pour tout élément t de $\mathbb{R}$, $t > 0$ implique :

$$e^t \geqslant e^0 \quad \text{(exp est croissante)},$$
$$e^t \geqslant 1,$$
$$\frac{e^t}{t} \geqslant \frac{1}{t}, \quad \text{car } t > 0.$$

Il en résulte : pour tout x de $[1\,;+\infty[$,

$$\int_1^x \frac{e^t}{t}\,dt \geqslant \int_1^x \frac{1}{t}\,dt \quad (\text{car } 1 \leqslant x),$$

soit $$F(x) \geqslant \ln x.$$

Pour tout x de $]0\,;1]$,

$$\int_x^1 \frac{e^t}{t}\,dt \geqslant \int_x^1 \frac{1}{t}\,dt \quad (\text{car } x \leqslant 1),$$

soit $-F(x) \geqslant -\ln x,$

d'où : $F(x) \leqslant \ln x.$

• *Remarque On a utilisé la croissance de l'intégration, c'est-à-dire si f et g sont continues sur l'intervalle I et si a et b sont des réels de I tels que* $a \leqslant b$, *alors :*

$$[\text{pour tout } t \text{ de } I,\ f(t) \leqslant g(t)] \Rightarrow \int_a^b f(t)\,dt \leqslant \int_a^b g(t)\,dt.$$

Mais attention, ce serait inexact pour $a > b$ *; c'est la raison pour laquelle on a distingué les cas* $x \leqslant 1$ *et* $x \geqslant 1$.

• La fonction F est définie sur $]0\,;+\infty[$, donc sur un intervalle dont 0 est une extrémité ; F peut avoir une limite à droite en 0. Pour tout x de $]0\,;1]$, $F(x) \leqslant \ln x$,

or $\lim\limits_{x \to 0} \ln x = -\infty$, donc : $\lim\limits_{\substack{x \to 0 \\ x > 0}} \boldsymbol{F(x) = -\infty}$.

Donc la droite d'équation $x = 0$ est asymptote à la courbe de F.

• La fonction F est définie sur $]0\,;+\infty[$, donc F peut avoir une limite en $+\infty$.
Pour tout élément x de $[1\,;+\infty[$, $\ln x \leqslant F(x)$,

or : $\lim\limits_{x \to +\infty} \ln x = +\infty$, donc : $\lim\limits_{x \to +\infty} \boldsymbol{F(x) = +\infty}$.

3) • Etudions le signe de la fonction $g : t \mapsto \dfrac{e^t}{t^2} - 1$ sur $[2\,;+\infty[$.

g est dérivable sur $[2\,;+\infty[$ et g' est la fonction $t \mapsto \dfrac{e^t}{t^3}(t-2)$.

g' est positive sur $[2\,;+\infty[$, donc g est croissante sur $[2\,;+\infty[$. Il en résulte que, pour tout t de $[2\,;+\infty[$, $g(t) \geqslant g(2)$ or $g(2) > 0$ (car $e^2 > 2^2$), donc :

pour tout t de $[2\,;+\infty[$, $\boldsymbol{\dfrac{e^t}{t^2} \geqslant 1}$.

• Pour tout x de $[2\,;+\infty[$,

$$F(x)=\int_1^x \frac{e^t}{t}\,dt$$

$$=\int_1^2 \frac{e^t}{t}\,dt+\int_2^x \frac{e^t}{t}\,dt$$

$$=F(2)+\int_2^x \frac{e^t}{t}\,dt,$$

d'après la formule de Chasles, puisque f est définie sur $\mathbb{R}_+^*$ et que 1, 2 *et x appartiennent à* $\mathbb{R}_+^*$.

On va minorer la seconde intégrale, et pour cela minorer sur $[2\,;x]$ la fonction $t\mapsto \frac{e^t}{t}$:

pour tout t de $[2\,;+\infty[$, donc pour tout élément t de $[2\,;x]$ (car $2\leqslant x$), $\frac{e^t}{t}>t$,

et l'intégration est croissante, donc, puisque $2\leqslant x$, $\int_2^x \frac{e^t}{t}\,dt\geqslant\int_2^x t\,dt\geqslant\frac{x^2-4}{2}$.

Finalement, **pour tout x de $[2\,;+\infty[$,**

$$\boldsymbol{F(x)\geqslant F(2)+\frac{x^2-4}{2}}.$$

• Or, $\lim\limits_{x\to+\infty}\left[F(2)+\frac{x^2-4}{2}\right]=+\infty$, on retrouve donc $\lim\limits_{+\infty}F=+\infty$, mais ici on va pouvoir préciser cette branche infinie.

Pour tout x de $[2\,;+\infty[$, $F(x)\geqslant F(2)+\frac{x^2-4}{2}$, donc

$$\frac{F(x)}{x}\geqslant\frac{F(2)}{x}+\frac{x}{2}-\frac{4}{2x};$$

or
$$\lim_{x\to+\infty}\left(\frac{F(2)}{x}+\frac{x}{2}-\frac{4}{2x}\right)=+\infty,$$

donc :
$$\boldsymbol{\lim_{x\to+\infty}\frac{F(x)}{x}=+\infty}.$$

4) La fonction F est dérivable sur $]0\,;+\infty[$, F n'est ni paire, ni impaire, ni périodique ;

pour tout x de $]0,+\infty[$, $F'(x)=\dfrac{e^x}{x}>0$, donc F est strictement croissante sur $]0,+\infty[$.

$$\lim_{\substack{x\to 0\\ x>0}} F(x)=-\infty \quad \text{et} \quad \lim_{x\to+\infty} F(x)=+\infty \quad \text{(vu en 2))}.$$

D'où le tableau de variation de F :

x	0	1	$+\infty$
$F'(x)$		$+$	
$F(x)$	$-\infty$	$\nearrow$ 0	$+\infty$

$F'(1)=e$.

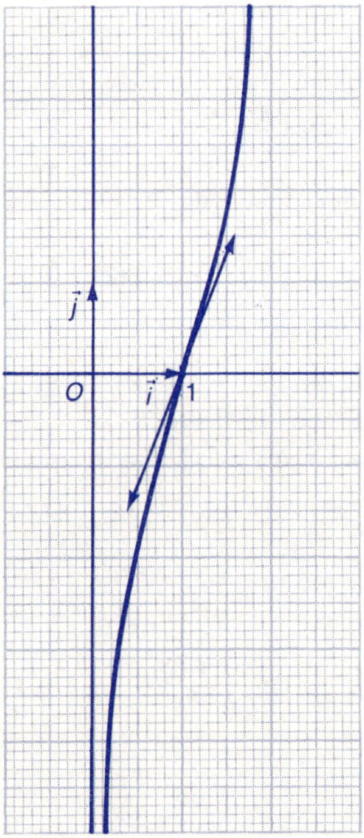

12. Aires et volumes

Aire

Soient a et b des réels tels que $a \leqslant b$, f une fonction continue et positive sur $[a\,;b]$.
Alors l'aire de l'ensemble des points $M(x\,;y)$ tels que

$$a \leqslant x \leqslant b \quad \text{et} \quad 0 \leqslant y \leqslant f(x)$$

est :

$$\int_a^b f(t)\,dt\,.$$

Le plan est ici rapporté à un repère orthogonal $(O\,;\vec{i},\vec{j})$.
L'unité d'aire est alors l'aire du rectangle de côtés $\|\vec{i}\|$ et $\|\vec{j}\|$.
Souvent le repère choisi est orthonormal ; l'unité d'aire est alors l'aire du carré de côté $\|\vec{i}\|$ (ici $\|\vec{i}\| = \|\vec{j}\|$).

Si f est négative sur $[a\,;b]$, l'aire du domaine hachuré est :

$$-\int_a^b f(t)\,dt\,.$$

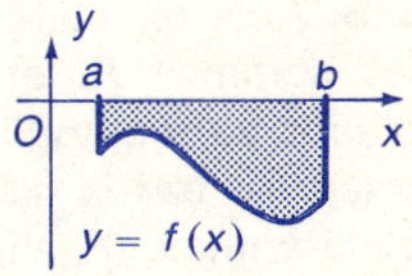

Si f n'est pas de signe fixe sur $[a\,;b]$, l'aire du domaine hachuré est :

$$\int_a^b |\,f(t)\,|\,dt\,.$$

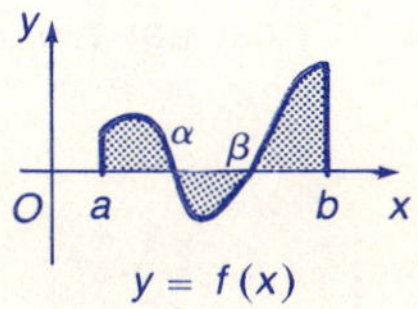

Si $f \leqslant g$ sur $[a\,;b]$, l'aire du domaine hachuré est

$$\int_a^b (g(t) - f(t))\,dt\,.$$

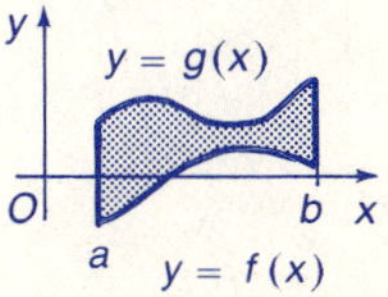

Evaluation d'une intégrale

Soit f une fonction continue sur l'intervalle $[a\,;\,b]$ de $\mathbb{R}$.

Des valeurs approchées de $\displaystyle\int_a^b f(t)\,\mathrm{d}t$ sont, pour chaque naturel non nul n, les sommes, dites de Riemann, R'_n et R''_n et le réel T_n tels que : pour tout entier k tel que $0 \leqslant k \leqslant n$, on pose $x_k = a + k\dfrac{b-a}{n}$,

c'est-à-dire que l'on a subdivisé $[a\,;\,b]$ en n intervalles de même amplitude dont les réels x_k sont les extrémités respectives ;

alors : $$R'_n = \frac{b-a}{n}\left(f(x_0) + f(x_1) + \cdots + f(x_{n-1})\right),$$

$$R''_n = \frac{b-a}{n}\left(f(x_1) + f(x_2) + \cdots + f(x_n)\right),$$

$$T_n = \frac{b-a}{n}\left(\frac{f(a)+f(b)}{2} + f(x_1) + \cdots + f(x_{n-1})\right).$$

$$x_0 = a \quad \text{et} \quad x_n = b, \quad \text{donc} \quad T_n = \frac{R'_n + R''_n}{2}.$$

- Si f est en outre positive sur $[a\,;\,b]$,

les sommes R'_n et R''_n s'interprètent comme des sommes d'aires de rectangles *(d'où le nom de calcul approché d'une intégrale par la* **méthode des rectangles***),*
et la somme T_n s'interprète comme une somme d'aires de trapèzes *(d'où le nom de calcul approché d'une intégrale par la* **méthode des trapèzes***).*

- Si f est par ailleurs croissante sur $[a\,;\,b]$, alors :

$$R'_n \leqslant \int_a^b f(t)\,\mathrm{d}t \leqslant R''_n.$$

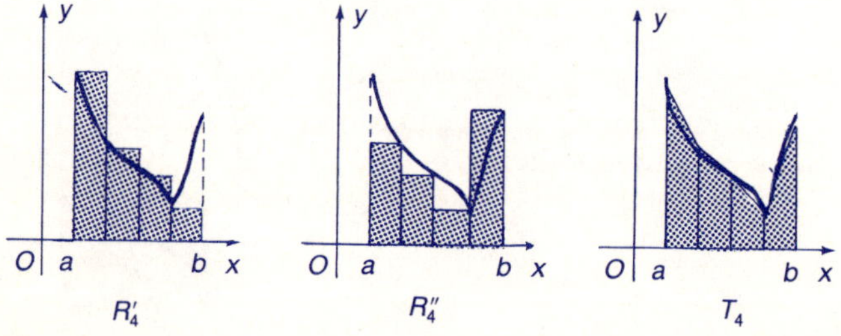

Volume

L'espace est rapporté à un repère orthonormal $(O ; \vec{i}, \vec{j}, \vec{k})$.

L'unité de volume est le volume du cube de côté $\|\vec{i}\|$ $(= \|\vec{j}\| = \|\vec{k}\|)$.

Soit un solide représenté par un ensemble Σ de points $M(x, y, z)$ tel que :

- il existe deux réels a et b, $a < b$, tels que, pour tout t de $\mathbb{R}$, le plan d'équation $z = t$ a une intersection non vide avec Σ si et seulement si $t \in [a ; b]$;
- pour tout t de $[a ; b]$, l'intersection de Σ et du plan d'équation $z = t$ est un domaine d'aire $S(t)$ telle que la fonction $t \mapsto S(t)$ soit continue sur $[a ; b]$;

alors le volume V du solide est tel que $\boldsymbol{V} = \displaystyle\int_a^b \boldsymbol{S(t)\,dt}$.

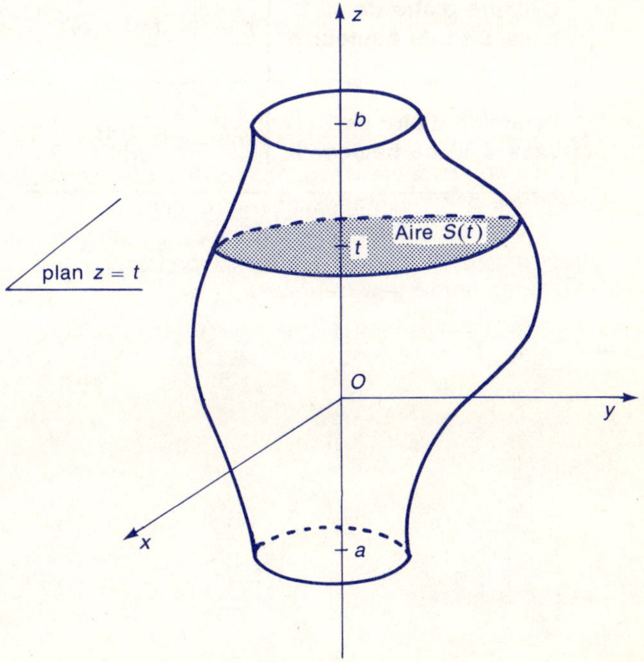

Volumes de solides usuels

Solide	$V = \int_a^b S(t)\, dt$
Boule de rayon *R*	$V = \int_{-R}^{R} \pi(R^2 - t^2)\, dt = \frac{4}{3}\pi R^3$
Prisme d'aire de base *S* et de hauteur *h*	$V = \int_0^h S\, dt = Sh$
Cylindre d'aire de base *S* et de hauteur *h*	$V = \int_0^h S\, dt = Sh$
Pyramide d'aire de base *S* et de hauteur *h*	$V = \int_0^h S \frac{t^2}{h^2}\, dt = \frac{1}{3} Sh$

ÉNONCÉS

12.1 f est la fonction $x \mapsto \dfrac{1}{(x-1)^2} + \dfrac{1}{(x+1)^2}$.

Le plan est rapporté à un repère orthonormal $(O ; \vec{i}, \vec{j})$;
soit λ un réel tel que $\lambda > 2$; déterminer l'aire $A(\lambda)$ de la partie du plan ensemble des points $M(x, y)$ tels que :

$$2 \leqslant x \leqslant \lambda \quad \text{et} \quad 0 \leqslant y \leqslant f(x).$$

Etudier la limite de $A(\lambda)$ quand λ tend vers $+\infty$.

12.2 1) Démontrer que, pour tout x de $\left[\dfrac{\pi}{4} ; \dfrac{5\pi}{4}\right]$:

$$\cos x - \sin x \leqslant 0 .$$

2) Le plan est rapporté à un repère orthonormal $(O ; \vec{i}, \vec{j})$; déterminer l'aire de l'ensemble des points $M(x, y)$ du plan tels que :

$$\frac{\pi}{4} \leqslant x \leqslant \frac{5\pi}{4} \quad \text{et} \quad \cos x \leqslant y \leqslant \sin x.$$

12.3 *Le but de l'exercice est d'encadrer le réel* $\displaystyle\int_0^{\frac{\pi}{4}} \sqrt{1+\cos^2 x}\,dx$.

Soit f la fonction de $\mathbb{R}$ dans $\mathbb{R}$ telle que : $f(x) = \sqrt{1+\cos^2 x}$.

On subdivise l'intervalle $\left[0 ; \dfrac{\pi}{4}\right]$ en 10 intervalles de même amplitude.

On pose pour tout élément k de $\{0, 1, ..., 10\}$: $x_k = \dfrac{k\pi}{40}$.

Soient alors les réels S, R_1, R_2 et T tels que :

$$R_1 = \frac{\frac{\pi}{4}}{10} \sum_{k=0}^{9} f(x_k) ; \quad R_2 = \frac{\frac{\pi}{4}}{10} \sum_{k=1}^{10} f(x_k) ;$$

$$S = \sum_{k=1}^{9} f(x_k) ; \qquad T = \frac{R_1 + R_2}{2}.$$

R_1 et R_2 sont des valeurs approchées fournies par la méthode des rectangles, et T est une valeur approchée fournie par la méthode des trapèzes du réel I tel que :

$$I = \int_0^{\frac{\pi}{4}} \sqrt{1+\cos^2 x}\,dx .$$

1) a) Exprimer R_1, R_2 et T en fonction de S, $f(0)$ et $f\left(\frac{\pi}{4}\right)$.

b) Déterminer les valeurs approchées de S, R_1, R_2 et T fournies par une calculatrice. On conservera, dans un premier temps, toutes les décimales obtenues.

2) a) Démontrer que f est décroissante sur $\left[0\,;\frac{\pi}{4}\right]$.

b) Il en résulte que :

$$R_2 \leqslant I \leqslant R_1\,.$$

En déduire que : $|T - I| \leqslant \frac{b-a}{2\,n}\,(f(a) - f(b))$

avec ici : $a = 0$, $b = \frac{\pi}{4}$ et $n = 10$.

Quel encadrement de I obtient-on à ce stade de l'étude ?

3) a) Démontrer que f a une dérivée décroissante sur $\left[0\,;\frac{\pi}{4}\right]$.

b) On démontre alors que : $|T - I| \leqslant \frac{(b-a)^2}{2\,n^2}\;(f'(a) - f'(b))$

avec : $a = 0$, $b = \frac{\pi}{4}$ et $n = 10$.

Quel nouvel encadrement de I obtient-on ?
Quel est le meilleur encadrement obtenu ?

12.4 Soit la fonction $f : x \mapsto x^4 - 2\,x^2 - 8$.

1) Etudier f sur $[-2\,;2]$ et tracer la courbe représentative C_f de f dans le plan rapporté à un repère orthonormal $(O\,;\vec{i}, \vec{j})$ (unité : 0,5 cm).

2) L'espace étant rapporté au repère orthonormal $(O\,;\vec{i}, \vec{j}, \vec{k})$, calculer le volume du solide obtenu par rotation de C_f autour de la droite de repère $(O\,;\vec{i})$.

Si l'échelle est de 0,5 cm pour une unité, chercher l'approximation décimale à 10^{-2} près par excès de la mesure en cm^3 du volume de ce solide.

SOLUTIONS

12.1 $f(x) = \dfrac{1}{(x-1)^2} + \dfrac{1}{(x+1)^2}$.

• Pour tout réel λ tel que $\lambda > 2$, la fonction f est continue et positive sur $[2\,;\lambda]$, donc l'aire du domaine D est $A(\lambda)$ avec :

$$A(\lambda) = \int_2^\lambda f(t)\,\mathrm{d}t = \int_2^\lambda \frac{1}{(t-1)^2} + \frac{1}{(t+1)^2}\,\mathrm{d}t$$

$$A(\lambda) = \left[-\frac{1}{t-1} - \frac{1}{t+1}\right]_2^\lambda = -\frac{1}{\lambda-1} - \frac{1}{\lambda+1} - \left(-1-\frac{1}{3}\right).$$

$$\boldsymbol{A(\lambda) = \frac{4}{3} - \frac{2\lambda}{\lambda^2-1}}.$$

L'unité d'aire est l'aire du carré de côté $\|\vec{i}\|$.

• $\lim\limits_{\lambda \to +\infty} \boldsymbol{A(\lambda) = \frac{4}{3}}$.

Ainsi le domaine non borné, constitué par les points $M(x, y)$ tels que $x \geqslant 2$ et $0 \leqslant y \leqslant f(x)$, a une aire finie.

12.2 1) *On voit graphiquement que, pour tout x de* $\left[\frac{\pi}{4}\,;\frac{5\pi}{4}\right]$, *le point d'abscisse x et d'ordonnée* $\sin x$ *est au-dessus du point de même abscisse et d'ordonnée* $\cos x$.

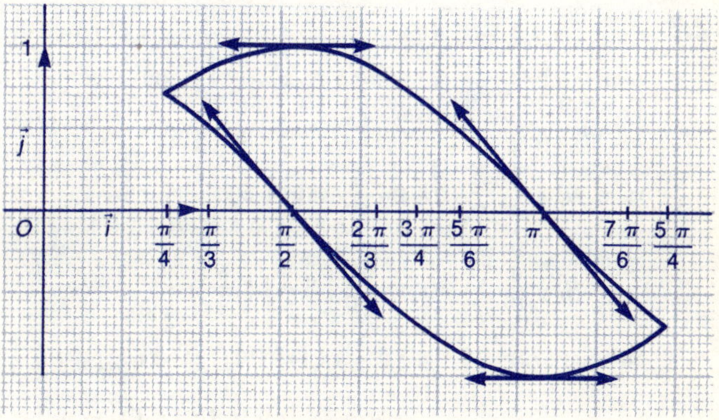

Retrouvons-le. Pour tout x de $\left[\frac{\pi}{4}\,;\frac{5\pi}{4}\right]$,

$$\cos x - \sin x = \cos x - \cos\left(\frac{\pi}{2} - x\right) = -2\sin\left(x - \frac{\pi}{4}\right)\sin\frac{\pi}{4},$$

d'après la formule : $\cos p - \cos q = -2\sin\left(\frac{p-q}{2}\right)\sin\left(\frac{p+q}{2}\right)$

donc $$\cos x - \sin x = -\sqrt{2}\sin\left(x - \frac{\pi}{4}\right).$$

Or $x \in \left[\frac{\pi}{4} ; \frac{5\pi}{4}\right]$, donc $0 \leqslant x - \frac{\pi}{4} \leqslant \pi$ et $\sin\left(x - \frac{\pi}{4}\right) \geqslant 0$.

Finalement, **pour tout x de $\left[\frac{\pi}{4} ; \frac{5\pi}{4}\right]$, $\cos x \leqslant \sin x$.**

Remarquons que les solutions dans $\left[\frac{\pi}{4} ; \frac{5\pi}{4}\right]$ *de l'équation* $\cos x = \sin x$ *sont* $\frac{\pi}{4}$ *et* $\frac{5\pi}{4}$.

2) Les fonctions cosinus et sinus sont continues sur $\left[\frac{\pi}{4} ; \frac{5\pi}{4}\right]$ et, pour tout réel x de cet intervalle, $\cos x \leqslant \sin x$, donc l'aire A de la partie du plan constituée des points $M(x, y)$ tels que $\frac{\pi}{4} \leqslant x \leqslant \frac{5\pi}{4}$ et $\cos x \leqslant y \leqslant \sin x$ vérifie :

$$\boldsymbol{A} = \int_{\frac{\pi}{4}}^{\frac{5\pi}{4}} (\sin t - \cos t)\,\mathrm{d}t = [-\cos t - \sin t]_{\frac{\pi}{4}}^{\frac{5\pi}{4}} = \boldsymbol{2\sqrt{2}},$$

car $\cos' = -\sin$ *et* $\sin' = \cos$.

12.3 $I = \int_0^{\frac{\pi}{4}} \sqrt{1 + \cos^2 x}\,\mathrm{d}x.$

Remarquons que la fonction $f : x \mapsto \sqrt{1 + \cos^2 x}$ *est continue sur* $\left[0 ; \frac{\pi}{4}\right]$, *donc I existe.*

1) a) $$\boldsymbol{R_1 = \frac{\frac{\pi}{4}}{10}\sum_{k=0}^{9} f(x_k) = \frac{\pi}{40}[f(0) + S]},$$

$$\boldsymbol{R_2 = \frac{\frac{\pi}{4}}{10}\sum_{k=1}^{10} f(x_k) = \frac{\pi}{40}\left[S + f\left(\frac{\pi}{4}\right)\right]},$$

puisque : $S = \sum_{k=1}^{9} f(x_k)$, $f(x_0) = f(0)$ et $f(x_{10}) = f\left(\frac{\pi}{4}\right)$.

Il en résulte que : $$\boldsymbol{T = \frac{R_1 + R_2}{2} = \frac{\pi}{40}\left[\frac{f(0) + f\left(\frac{\pi}{4}\right)}{2} + S\right]}.$$

b) Tableau des valeurs de $\sqrt{1+\cos^2\left(\frac{k\pi}{40}\right)}$ pour tout élément k de $\{1, 2, ..., 9\}$:

1	1,4120355	4	1,3800393	7	1,3141519
2	1,4055349	5	1,3614527	8	1,2862770
3	1,3948130	6	1,3393628	9	1,2562712

En outre :
$$f(0) = \sqrt{2} \approx 1{,}414\,213\,6$$
$$f\left(\frac{\pi}{4}\right) = \sqrt{1{,}5} \approx 1{,}224\,744\,9\,.$$

Il en résulte que :

$$S \approx 12{,}149\,938\,,$$
$$S + f(0) \approx 13{,}564\,152\,, \quad \text{d'où} \quad \boldsymbol{R_1 \approx 1{,}065\,326}$$
$$S + f\left(\frac{\pi}{4}\right) \approx 13{,}374\,683\,, \quad \text{d'où} \quad \boldsymbol{R_2 \approx 1{,}050\,445\,1}$$
$$S + \frac{f(0) + f\left(\frac{\pi}{4}\right)}{2} \approx 13{,}469\,417\,, \quad \text{d'où} \quad \boldsymbol{T \approx 1{,}057\,885\,6\,.}$$

2) a) La fonction f est dérivable sur $\left[0\,;\frac{\pi}{4}\right]$ comme composée de la fonction $x \mapsto 1+\cos^2 x$, dérivable sur $\mathbb{R}$ et à valeurs dans $\mathbb{R}_+^*$, par la fonction $x \mapsto \sqrt{x}$, dérivable sur $\mathbb{R}_+^*$.
Pour tout réel x,

$$f'(x) = \frac{2\cos x(-\sin x)}{2\sqrt{1+\cos^2 x}} \quad \left(\textit{car } (\sqrt{u})' = \frac{u'}{2\sqrt{u}}\right),$$

donc, **pour tout élément x de $\left[0\,;\frac{\pi}{4}\right]$**,

$$\boldsymbol{f'(x) = \frac{-\sin 2x}{2\sqrt{1+\cos^2 x}} \leqslant 0\,,}$$

car la fonction sinus est positive sur $\left[0\,;\frac{\pi}{2}\right]$, *or ici* $2x \in \left[0\,;\frac{\pi}{2}\right]$.
f' est négative sur $\left[0\,;\frac{\pi}{4}\right]$, donc **$f$ est décroissante sur $\left[0\,;\frac{\pi}{4}\right]$.**

• *Autre façon :* f est décroissante comme composée de la fonction décroissante $x \mapsto 1 + \cos^2 x$ par la fonction croissante $x \mapsto \sqrt{x}$. ($x \mapsto 1 + \cos^2 x$ est décroissante sur $\left[0 ; \frac{\pi}{4}\right]$ car c'est aussi la fonction $x \mapsto \frac{3}{2} + \frac{1}{2}\cos 2x$.)

b) La fonction f est décroissante sur $\left[0 ; \frac{\pi}{4}\right]$, il en résulte que (voir cours, page 218) :

$$R_2 \leqslant I \leqslant R_1 .$$

Or, $R_1 \approx 1{,}065\,326$ et $R_2 \approx 1{,}050\,445\,1$, donc annonçons *avec un nombre raisonnable de décimales (deux ou trois décimales au-delà de la dernière décimale commune à R_1 et R_2) :*

$$\mathbf{1{,}050\,4 < I < 1{,}065\,4} \quad (\textit{ou } 1{,}050 < I < 1{,}066)$$

(le minorant est arrondi par défaut, le majorant est arrondi par excès).

De $T = \frac{R_1 + R_2}{2}$ et $R_2 \leqslant I \leqslant R_1$, il résulte que :

$$R_2 - \frac{R_1 + R_2}{2} \leqslant I - \frac{R_1 + R_2}{2} \leqslant R_1 - \frac{R_1 + R_2}{2},$$

soit

$$-\frac{R_1 - R_2}{2} \leqslant I - T \leqslant \frac{R_1 - R_2}{2},$$

c'est-à-dire

$$\mathbf{|T - I| \leqslant \frac{R_1 - R_2}{2}} .$$

Or (voir 1)), $\frac{R_1 - R_2}{2} = \frac{\pi}{40} \frac{\left(f(0) - f\left(\frac{\pi}{4}\right)\right)}{2} \approx 0{,}007\,440\,4.$

Donc $\mathbf{|T - I| \leqslant \frac{\pi}{80}\left(f(0) - f\left(\frac{\pi}{4}\right)\right)}$; annonçons :

$$\mathbf{|T - I| \leqslant 75 \times 10^{-4}}$$

(*on retrouve ce résultat numériquement, par :*

$$|T - I| \leqslant \frac{1{,}065\,4 - 1{,}050\,4}{2},$$

soit $|T - I| \leqslant 0{,}007\,5$) .

Finalement, à ce stade de l'étude, nous avons :

$$\mathbf{1{,}057\,9 - 0{,}007\,5 \leqslant I \leqslant 1{,}057\,9 + 0{,}007\,5}$$

3) a) Pour tout élément x de $\left[0\,;\frac{\pi}{4}\right]$,

$$f'(x)=\frac{-\sin 2x}{2\sqrt{1+\cos^2 x}}=\frac{-\sin 2x}{\sqrt{2}\sqrt{3+\cos 2x}},$$

car $\cos 2x = 2\cos^2 x - 1$; *il est commode d'avoir tout en* $2x$. La fonction f' est dérivable et, pour tout élément x de $\left[0\,;\frac{\pi}{4}\right]$,

$$f''(x)=\frac{-1}{\sqrt{2}}\left[\frac{2\cos 2x\,(3+\cos 2x)+\sin 2x\left(-\frac{1}{2}\right)(-2\sin 2x)}{(3+\cos 2x)^{\frac{3}{2}}}\right]$$

$$f''(x)=-\frac{6\cos 2x+2\cos^2 2x+\sin^2 2x}{\sqrt{2}(3+\cos 2x)^{\frac{3}{2}}}<0\,.$$

En effet, $2x\in\left[0\,;\frac{\pi}{2}\right]$ et la fonction cos est à valeurs positives sur $\left[0\,;\frac{\pi}{2}\right]$.

f'' est négative sur $\left[0\,;\frac{\pi}{4}\right]$, donc f' **est décroissante sur** $\left[\mathbf{0}\,;\frac{\pi}{4}\right]$.

b) On apprend par l'énoncé qu'alors :

$$|T-I|\leqslant\frac{(b-a)^2}{2n^2}\,[f'(a)-f'(b)],$$

avec $a=0$, $b=\frac{\pi}{4}$ et $n=10$; or, $f'(0)=0$ et $f'\left(\frac{\pi}{4}\right)=-\frac{1}{\sqrt{6}}$, d'où :

$$|\boldsymbol{T}-\boldsymbol{I}|\leqslant\frac{\pi^2\sqrt{6}}{\mathbf{19\,200}}.$$

Ainsi $T\approx 1{,}057\,885\,6$ et $|T-I|\leqslant 0{,}001\,259\,1$; c'est-à-dire :

$$1{,}056\,626\,5\leqslant I\leqslant 1{,}059\,144\,7$$

(encadrement sous réserve d'erreurs d'arrondi).
Annonçons alors, de façon certaine :

$$\mathbf{1{,}056\,6 < \boldsymbol{I} < 1{,}059\,2}\,,$$

ce qui est équivalent à :

$$\mathbf{1{,}057\,9 - 0{,}002\,6 \leqslant \boldsymbol{I} \leqslant 1{,}057\,9 + 0{,}002\,6}\,.$$

Remarquons que le second calcul d'une incertitude sur I, quand on adopte T (ou 1,057 9) pour valeur approchée, nous donne un meilleur encadrement de I.

12.4 1) $f : x \mapsto x^4 - 2x^2 - 8$.

• La fonction f, étant une fonction polynôme, est dérivable sur $\mathbb{R}$, donc en particulier sur $[-2\,;2]$.

• Pour tout x de $[-2\,;2]$, $-x \in [-2\,;2]$ et $f(-x) = f(x)$, donc f est une fonction paire ; il suffit de l'étudier sur $[0\,;2]$, sa représentation graphique admettant la droite de repère $(O\,;\vec{j})$ pour axe de symétrie.

• Pour tout x de $[-2\,;2]$, $f'(x) = 4x^3 - 4x = 4x(x-1)(x+1)$.

On en déduit facilement le tableau de variation de f sur $[0\,;2]$:

x	0		1		2
$f'(x)$	0	$-$	0	$+$	
$f(x)$	-8	↘	-9	↗	0

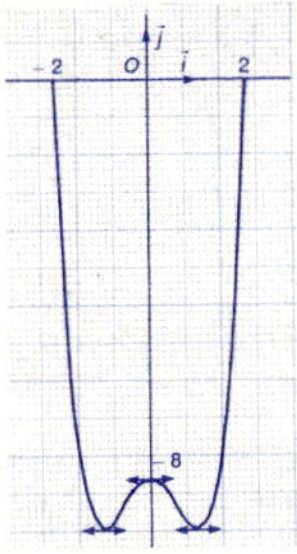

2) • Soit t de $[-2\,;2]$.

Si on coupe ce solide par le plan d'équation $x = t$, on obtient un disque de rayon $r(t)$ avec $r(t) = |f(t)|$; or, pour tout x de $[-2\,;2]$, $f(x) \leqslant 0$, donc $r(t) = -f(t)$.

L'aire $S(t)$ de ce disque est alors telle que :

$$S(t) = \pi\, r(t)^2 = \pi\, f(t)^2 = \pi\,(t^4 - 2t^2 - 8)^2,$$

$$S(t) = \pi\,(t^8 - 4t^6 - 12t^4 + 32t^2 + 64).$$

• La fonction S est continue sur $[-2\,;2]$ et elle est paire, donc le volume V du solide est tel que : $V = \int_{-2}^{2} S(t)\,dt = 2\int_0^2 S(t)\,dt$.

D'où
$$V = 2\pi \int_0^2 (t^8 - 4t^6 - 12t^4 + 32t^2 + 64)\,dt$$
$$= 2\pi \left[\frac{t^9}{9} - 4\frac{t^7}{7} - 12\frac{t^5}{5} + 32\frac{t^3}{3} + 64\,t\right]_0^2.$$

Alors
$$V = 2\pi\left(\frac{2^9}{9} - \frac{2^9}{7} - 3\frac{2^7}{5} + \frac{2^8}{3} + 2^7\right)$$
$$= 2^8\,\pi\left(\frac{4}{9} - \frac{4}{7} - \frac{3}{5} + \frac{2}{3} + 1\right). \qquad \boldsymbol{V = \frac{75\,776}{315}\,\pi}.$$

• Si l'échelle est de 0,5 cm pour une unité, alors la mesure en cm^3 du volume est $\frac{V}{8}$ et l'approximation décimale à 10^{-2} près de cette mesure en cm^3 est : **94,47.**

ÉQUATIONS DIFFÉRENTIELLES

Soit f une fonction de $\mathbb{R}$ dans $\mathbb{R}$, dérivable en un réel a ; on appelle **élément de contact** de f en a le triplet de réels $(a\,;\,f(a)\,;\,f'(a))$. Il peut être représenté graphiquement dans un plan muni d'un repère, par le couple constitué du point $A(a\,;\,f(a))$ et de la droite T_A contenant le point A et de coefficient directeur $f'(a)$; *la courbe représentative de f est alors tangente en le point A à la droite* T_A. **Le champ des éléments de contact** des solutions d'une équation différentielle du premier ordre, tracé sans même connaître les expressions explicites de ces solutions, donne une première idée graphique des courbes intégrales de l'équation.

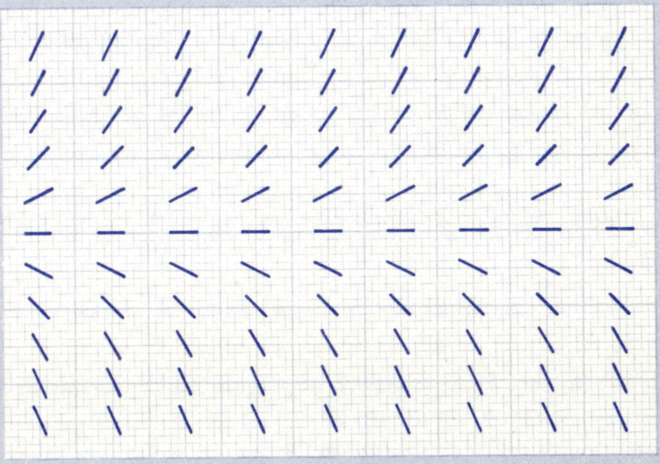

Extrait du champ des éléments de contact de l'équation différentielle du premier ordre : $y' = y$.

13. Equations différentielles

Equations différentielles $y' - ay = 0$ ($a \in \mathbb{R}$)

dites : équations différentielles linéaires du premier ordre à coefficients constants sans second membre.

■ Définition

Soit a un réel. Résoudre sur $\mathbb{R}$ l'équation différentielle

$$(\varepsilon) \quad y' - ay = 0,$$

c'est déterminer l'ensemble des fonctions f de $\mathbb{R}$ dans $\mathbb{R}$, dérivables sur $\mathbb{R}$, telles que :

pour tout réel x, $\quad f'(x) - af(x) = 0$.

Une telle fonction f est dite une **solution** *sur $\mathbb{R}$ de (ε).*

■ Propriétés

1) Les solutions sur $\mathbb{R}$ de (ε) sont les fonctions de $\mathbb{R}$ dans $\mathbb{R}$: $\boldsymbol{x \mapsto C\,e^{ax}}$, où C décrit $\mathbb{R}$.

2) Soient x_0 et y_0 des réels. Il existe une seule solution f sur $\mathbb{R}$ de (ε) vérifiant la condition, dite **condition initiale :**

$$f(x_0) = y_0 .$$

Le réel C associé à cette solution f est alors déterminé par la condition initiale.

Equations différentielles $ay'' + by' + cy = 0$ (a, b, c réels et $a \neq 0$)

dites : équations différentielles linéaires du deuxième ordre à coefficients constants sans second membre.

■ Définition

Soient a, b, c des réels, avec $a \neq 0$. Résoudre sur $\mathbb{R}$ l'équation différentielle

$$(\varepsilon) \quad ay'' + by' + cy = 0,$$

c'est déterminer l'ensemble des fonctions f de $\mathbb{R}$ dans $\mathbb{R}$, deux fois dérivables sur $\mathbb{R}$, telles que :

pour tout réel x, $\quad af''(x) + bf'(x) + cf(x) = 0$.

Une telle fonction f est dite une **solution** *sur $\mathbb{R}$ de (ε).*

■ Propriétés

1) L'équation $ar^2 + br + c = 0$, d'inconnue r, est dite l'**équation caractéristique** de ($\mathcal{E}$).

a) Si $\boldsymbol{b^2 - 4\,ac > 0}$, soient r_1 et r_2 les deux racines, réelles, distinctes, de l'équation caractéristique de ($\mathcal{E}$) ; alors les solutions sur $\mathbb{R}$ de ($\mathcal{E}$) sont les fonctions de $\mathbb{R}$, dans $\mathbb{R}$:

$$\boldsymbol{x \mapsto \lambda_1 e^{r_1 x} + \lambda_2 e^{r_2 x}},$$

où λ_1 et λ_2 décrivent $\mathbb{R}$.

b) Si $\boldsymbol{b^2 - 4\,ac = 0}$, soit r_0 la racine double, réelle, de l'équation caractéristique de ($\mathcal{E}$) ; alors les solutions sur $\mathbb{R}$ de ($\mathcal{E}$) sont les fonctions de $\mathbb{R}$ dans $\mathbb{R}$:

$$\boldsymbol{x \mapsto (\lambda_1 x + \lambda_2)\, e^{r_0 x}},$$

où λ_1 et λ_2 décrivent $\mathbb{R}$.

c) Si $\boldsymbol{b^2 - 4\,ac < 0}$, soient $\alpha + i\beta$ et $\alpha - i\beta$ avec $\alpha \in \mathbb{R}$ et $\beta \in \mathbb{R}^*$, les racines, complexes, conjuguées et non réelles, de l'équation caractéristique de ($\mathcal{E}$) ; alors les solutions sur $\mathbb{R}$ de ($\mathcal{E}$) sont les fonctions de $\mathbb{R}$ dans $\mathbb{R}$:

$$\boldsymbol{x \mapsto e^{\alpha x}(\lambda_1 \cos \beta x + \lambda_2 \sin \beta x)},$$

où λ_1 et λ_2 décrivent $\mathbb{R}$.

2) Exemple : soit ω un réel non nul ; les solutions sur $\mathbb{R}$ de l'équation différentielle $y'' + \omega^2 y = 0$, sont les fonctions de $\mathbb{R}$ dans $\mathbb{R}$:

$$x \mapsto \lambda_1 \cos \omega x + \lambda_2 \sin \omega x,$$

où λ_1 et λ_2 décrivent $\mathbb{R}$.
En effet l'équation caractéristique est ici $r^2 + \omega^2 = 0$ *et ses racines dans* $\mathbb{C}$ *sont* $i\omega$ et $-i\omega$.

3) Soient x_0, y_0 et y'_0 des réels. Il existe une seule solution f sur $\mathbb{R}$ de l'équation différentielle

$$(\mathcal{E}) \quad ay'' + by' + cy = 0 \quad (\text{où } a \neq 0),$$

vérifiant les **conditions initiales :**

$$f(x_0) = y_0 \quad \text{et} \quad f'(x_0) = y'_0.$$

Les réels λ_1 *et* λ_2 *associés à cette solution sont alors déterminés par les conditions initiales.*

ÉNONCÉS

13.1 Dans chacun des cas suivants, déterminer la solution f sur $\mathbb{R}$ de l'équation différentielle $(\mathcal{E})$ vérifiant les conditions initiales imposées.

1) $(\mathcal{E})$ $3y' + 2 = 0$, et $f(0) = 1$.
2) $(\mathcal{E})$ $3y'' + 2x = 0$, et $f(0) = 1$, $f'(0) = 2$.
3) $(\mathcal{E})$ $3y' + 2y = 0$, et $f(0) = 1$.
4) $(\mathcal{E})$ $3y' + 2x = 0$, et $f(0) = 1$.
5) $(\mathcal{E})$ $3y'' + 2 = 0$, et $f(0) = 1$, $f'(0) = 2$.
6) $(\mathcal{E})$ $3y'' + 2y = 0$, et $f(0) = 1$, $f'(0) = 2$.

13.2 Soit m un réel.

1) Déterminer, en fonction du réel m, l'ensemble des solutions sur $\mathbb{R}$ de l'équation différentielle :

$$(\mathcal{E}_m) \quad y'' + (1 - 2m)y' - 2my = 0 .$$

2) Trouver, pour tout réel m, l'unique solution f_m de l'équation $(\mathcal{E}_m)$ telle que : $f_m(0) = 5$ et $f'_m(0) = -4$.

13.3 Soit le polynôme $p : x \mapsto 1 + x^2$.

On se propose de déterminer l'ensemble E des solutions sur $\mathbb{R}$ de l'équation différentielle

$$(\mathcal{E}) \quad y'' + y' + y = p ,$$

c'est-à-dire l'ensemble des fonctions f deux fois dérivables sur $\mathbb{R}$ telles que : pour tout réel x,

$$f''(x) + f'(x) + f(x) = 1 + x^2 .$$

1) Déterminer un polynôme f_0 de degré inférieur ou égal à 2, appartenant à l'ensemble E.

2) Montrer que pour toute fonction f, f appartient à E si et seulement si la fonction $f - f_0$ est une solution sur $\mathbb{R}$ de l'équation différentielle :

$$(\mathcal{E}') \quad y'' + y' + y = 0 .$$

3) Déterminer l'ensemble E' des solutions sur $\mathbb{R}$ de l'équation $(\mathcal{E}')$, et en déduire l'ensemble E.

4) Déterminer la partie de l'ensemble E constituée par les solutions de l'équation $(\mathcal{E})$ dont la représentation graphique dans un repère $(O ; \vec{i}, \vec{j})$ est tangente en O à la droite de repère $(O ; \vec{i})$.

13.4 On se propose de déterminer l'ensemble E des solutions sur $\mathbb{R}$ de l'équation différentielle

$$(\mathcal{E}) \quad y'' - 2\,y' + y = \cos\,,$$

c'est-à-dire l'ensemble des fonctions F deux fois dérivables sur $\mathbb{R}$ telles que : pour tout réel t,

$$F''(t) - 2\,F'(t) + F(t) = \cos t\,.$$

1) Déterminer des réels α et β tels que la fonction

$$F_0 : t \to \alpha \cos t + \beta \sin t$$

appartienne à E.
2) Soit F une fonction ; montrer que F appartient à E si et seulement si la fonction $F - F_0$ est une solution sur $\mathbb{R}$ de l'équation différentielle :

$$(\mathcal{E}') \quad y'' - 2\,y' + y = 0\,.$$

3) Déterminer l'ensemble E' des solutions sur $\mathbb{R}$ de l'équation $(\mathcal{E}')$ et en déduire l'ensemble E.
4) Déterminer la partie de l'ensemble E constituée par les solutions F de l'équation $(\mathcal{E})$ telles que $F(0) = 0$ et $F'(0) = 0$.

SOLUTIONS

13.1 1) Pour toute fonction f, f est solution sur $\mathbb{R}$ de l'équation différentielle $(\mathcal{E})$ $3y' + 2 = 0$
si et seulement si : pour tout réel x, $f'(x) = -\frac{2}{3}$, c'est-à-dire que f s'écrit $x \mapsto -\frac{2}{3}x + C$, avec C réel.

• En outre, on impose la condition initiale $f(0) = 1$, soit $C = 1$. Il existe donc une solution et une seule,

$$\textbf{la fonction } f : x \mapsto -\frac{2}{3}x + 1 .$$

• *Autre façon*

Pour tout réel x, $f'(x) = -\frac{2}{3}$ et $f(0) = 1$, donc f est la primitive de la fonction $t \mapsto -\frac{2}{3}$ qui prend la valeur 1 en 0, c'est-à-dire :

pour tout réel x, $$f(x) = \int_0^x -\frac{2}{3}\,dt + 1 = -\frac{2}{3}x + 1 .$$

2) Pour toute fonction f, f est solution sur $\mathbb{R}$ de l'équation différentielle $(\mathcal{E})$ $3y'' + 2x = 0$
si et seulement si : pour tout réel x, $f''(x) = -\frac{2}{3}x$,

c'est-à-dire que f' s'écrit : $x \mapsto -\frac{x^2}{3} + C$, avec C réel,

soit que f est une fonction de la forme :

$$x \mapsto -\frac{x^3}{9} + Cx + D,$$

où C et D sont des réels.

• En outre, on impose les conditions initiales $f(0) = 1$ et $f'(0) = 2$; soit $C = 2$ et $D = 1$.
Il existe donc une solution et une seule,

$$\textbf{la fonction } f : x \mapsto -\frac{x^3}{9} + 2x + 1 .$$

3) Pour toute fonction f, f est solution sur $\mathbb{R}$ de l'équation différentielle $(\mathcal{E})$ $3y' + 2y = 0$ (équation du type $y' - my = 0$ avec $m = -\frac{2}{3}$) si et seulement si :

pour tout réel x, $$f(x) = C\,e^{-\frac{2}{3}x}$$ avec C réel.

• En outre, on impose la condition initiale $f(0)=1$, soit $C=1$. Il existe donc une solution et une seule,

$$\textbf{la fonction } f : x \mapsto e^{-\frac{2}{3}x}.$$

4) Pour toute fonction f, f est solution sur $\mathbb{R}$ de l'équation différentielle $(\mathcal{E})$ $3\,y' + 2\,x = 0$
si et seulement si : pour tout réel x, $f'(x) = -\dfrac{2}{3}x$,

c'est-à-dire qu'il existe un réel C tel que :

pour tout réel x, $\qquad f(x) = -\dfrac{x^2}{3} + C.$

• En outre, on impose la condition initiale $f(0)=1$, soit $C=1$. Il existe donc une solution et une seule,

$$\textbf{la fonction } f : x \mapsto -\frac{x^2}{3} + 1.$$

5) Pour toute fonction f, f est solution sur $\mathbb{R}$ de l'équation différentielle $(\mathcal{E})$ $3\,y'' + 2 = 0$
si et seulement si : pour tout réel x, $f''(x) = -\dfrac{2}{3}$,

c'est-à-dire que f' est de la forme : $x \mapsto -\dfrac{2}{3}x + C$, où C est réel,

soit : il existe des réels C et D tels que,

pour tout réel x, $f(x) = -\dfrac{x^2}{3} + Cx + D.$

• En outre, on impose les conditions initiales $f(0)=1$ et $f'(0)=2$, soit $C=2$ et $D=1$.
Il existe donc une solution et une seule,

$$\textbf{la fonction } f : x \mapsto -\frac{x^2}{3} + 2\,x + 1.$$

6) Pour toute fonction f, f est solution sur $\mathbb{R}$ de l'équation différentielle $(\mathcal{E})$ $3\,y'' + 2\,y = 0$ (équation du type $ay'' + by' + cy = 0$ avec $a=3$, $b=0$, $c=2$, d'équation caractéristique $3\,r^2 + 2 = 0$; les racines sont $\sqrt{\dfrac{2}{3}}\,\mathrm{i}$ et $-\sqrt{\dfrac{2}{3}}\,\mathrm{i}$ si et seulement si :

pour tout réel x,

$$f(x) = A\cos\left(\sqrt{\frac{2}{3}}\,x\right) + B\sin\left(\sqrt{\frac{2}{3}}\,x\right),$$

où A et B sont réels.

• En outre, on impose les conditions initiales $f(0) = 1$ et $f'(0) = 2$; or $f(0) = A$, donc $A = 1$, et pour tout réel x

$$f'(x) = -A\sqrt{\frac{2}{3}}\sin\left(\sqrt{\frac{2}{3}}x\right) + B\sqrt{\frac{2}{3}}\cos\left(\sqrt{\frac{2}{3}}x\right),$$

d'où $f'(0) = B\sqrt{\frac{2}{3}}$, donc $B = \sqrt{6}$.

Il existe donc une solution et une seule,

la fonction $f : x \mapsto \cos\left(\sqrt{\frac{2}{3}}x\right) + \sqrt{6}\sin\left(\sqrt{\frac{2}{3}}x\right)$.

13.2 $(\mathcal{E}_m)\quad y'' + (1-2m)y' - 2my = 0.$

1) L'équation caractéristique de l'équation différentielle $(\mathcal{E}_m)$ est : $r^2 + (1-2m)r - 2m = 0$; son discriminant est Δ avec :

$$\Delta = (1-2m)^2 - 4(-2m) = 1 + 4m + 4m^2 = (1+2m)^2 ;$$

ses racines sont donc réelles ($\Delta \geqslant 0$).

• Premier cas : $m = -\frac{1}{2}$, alors $\Delta = 0$; donc l'équation caractéristique a une racine double : -1.

Les solutions sur $\mathbb{R}$ de l'équation $(\mathcal{E}_{-\frac{1}{2}})$ sont donc les fonctions g:

$$x \mapsto (\lambda x + \mu)\,e^{-x},$$

où λ et μ décrivent $\mathbb{R}$.

• Second cas : $m \neq -\frac{1}{2}$, alors $\Delta > 0$; donc l'équation caractéristique a deux racines réelles distinctes r_1 et r_2 :

$$r_1 = -1 \quad \text{et} \quad r_2 = 2m.$$

Ce résultat était évident car la somme des racines de l'équation $r^2 + (1-2m)r - 2m = 0$ est $2m - 1$ et leur produit est $-2m$.

Les solutions sur $\mathbb{R}$ de l'équation $(\mathcal{E}_m)$, avec $m \neq -\frac{1}{2}$, sont donc les fonctions g :

$$x \mapsto \lambda_1 e^{-x} + \lambda_2 e^{2mx}$$

où λ_1 et λ_2 parcourent $\mathbb{R}$.

2) • Cas $m = -\frac{1}{2}$.

Il existe des réels λ et μ tels que, pour tout réel x,

$$g(x) = (\lambda x + \mu)e^{-x},$$

et on cherche λ et μ tels que $g(0) = 5$ et $g'(0) = -4$.
$g(0) = 5$ si et seulement si $\mu = 5$.
Par ailleurs, pour tout réel x,

$$g'(x) = -(\lambda x + 5)e^{-x} + \lambda e^{-x}, \quad \text{donc :}$$

$g'(0) = -4$ si et seulement si $\lambda - 5 = -4$, soit $\lambda = 1$.
Finalement, la fonction $f_{-\frac{1}{2}}$ solution de l'équation $(\mathcal{E}_{-\frac{1}{2}})$ telle que $f_{-\frac{1}{2}}(0) = 5$ et $f'_{-\frac{1}{2}}(0) = -4$ est définie par :

pour tout réel x, $\quad \boldsymbol{f_{-\frac{1}{2}}(x) = (x + 5)e^{-x}}$.

• Cas $m \neq -\frac{1}{2}$.

Il existe des réels λ_1 et λ_2 tels que, pour tout réel x,

$$g(x) = \lambda_1 e^{-x} + \lambda_2 e^{2mx},$$

et on cherche λ_1 et λ_2 tels que $g(0) = 5$ et $g'(0) = -4$.
$g(0) = 5$ si et seulement si $\lambda_1 + \lambda_2 = 5$.
Par ailleurs, pour tout réel x, $g'(x) = -\lambda_1 e^{-x} + 2m\lambda_2 e^{2mx}$, donc
$g'(0) = -4$ si et seulement si $-\lambda_1 + 2m\lambda_2 = -4$.
Finalement, puisque $m \neq -\frac{1}{2}$,

$$\begin{cases} \lambda_1 + \lambda_2 = 5 \\ -\lambda_1 + 2m\lambda_2 = -4 \end{cases}, \quad \text{soit} \quad \lambda_1 = \frac{4 + 10m}{1 + 2m} \quad \text{et} \quad \lambda_2 = \frac{1}{1 + 2m}.$$

La fonction f_m, solution pour $m \neq -\frac{1}{2}$ de l'équation $(\mathcal{E}_m)$ et telle que $f_m(0) = 5$ et $f'_m(0) = -4$, est définie sur $\mathbb{R}$ par :

$$\boldsymbol{f_m(x) = \frac{1}{1 + 2m}\left[(4 + 10m)e^{-x} + e^{2mx}\right]}.$$

13.3 $(\mathcal{E})$ $\quad y'' + y' + y = p$ avec $p : x \mapsto 1 + x^2$.
1) Soit $(a\,;b\,;c)$ un triplet de réels, et f_0 la fonction telle que $f_0(x) = ax^2 + bx + c$.

Alors, pour tout réel x,

$$f_0(x) = ax^2 + bx + c\,,$$

donc $$f_0'(x) = 2\,ax + b\,,$$

et $$f_0''(x) = 2\,a\,.$$

Donc, pour tout réel x,

$$f_0''(x) + f_0'(x) + f_0(x) = ax^2 + (2\,a + b)\,x + 2\,a + b + c\,.$$

La fonction f_0 est un élément de E si et seulement si, pour tout réel x,

$$1 + x^2 = ax^2 + (2\,a + b)\,x + 2\,a + b + c\,,$$

c'est-à-dire si et seulement si le triplet $(a\,;\,b\,;\,c)$ est tel que :

$$a = 1, \quad 2\,a + b = 0 \quad \text{et} \quad 2\,a + b + c = 1\,,$$

soit $$(a\,;\,b\,;\,c) = (1\,;\,-2\,;\,1)\,.$$

Il existe dans l'ensemble E un seul polynôme de degré inférieur à 2 ; à savoir la fonction

$$\mathbf{f_0 : x \mapsto x^2 - 2\,x + 1}\,.$$

Donc : $f_0(x) = (x - 1)^2$.

2) Pour toute fonction f, posons $g = f - f_0$; g est deux fois dérivable sur $\mathbb{R}$ si et seulement si f l'est.
Supposons f et g deux fois dérivables sur $\mathbb{R}$; alors :

$$g = f - f_0\,, \quad g' = f' - f_0'\,, \quad g'' = f'' - f_0''\,,$$

donc $$g'' + g' + g = f'' + f' + f - (f_0'' + f_0' + f_0)$$
$$= f'' + f' + f - p\,,\ \text{car}\ f_0 \in E.$$

Donc $f \in E$ (c'est-à-dire $f'' + f' + f = p$) si et seulement si $g'' + g' + g = 0$; soit encore si et seulement si $g \in E'$, où E' est l'ensemble des solutions sur $\mathbb{R}$ de l'équation :

$$(\mathcal{E}')\quad y'' + y' + y = 0\,.$$

3) • L'équation caractéristique de l'équation différentielle

$$(\mathcal{E}') \quad y'' + y' + y = 0$$

est $r^2 + r + 1 = 0$; ses racines dans $\mathbb{C}$ sont j et j^2 où $j = -\frac{1}{2} + i\frac{\sqrt{3}}{2}$ et où j^2 est le conjugué de j ; donc les solutions sur $\mathbb{R}$ de l'équation $(\mathcal{E}')$ sont les fonctions g :

$$\boldsymbol{x \mapsto e^{-\frac{x}{2}}\left(\lambda_1 \cos\left(\frac{\sqrt{3}}{2}x\right) + \lambda_2 \sin\left(\frac{\sqrt{3}}{2}x\right)\right)},$$

où λ_1 et λ_2 sont des réels.

• Les solutions sur $\mathbb{R}$ de l'équation $(\mathcal{E})$ sont alors les fonctions $g + f_0$ (*voir* 1), c'est-à-dire les fonctions f telles que pour tout réel x :

$$\boldsymbol{f(x) = e^{-\frac{x}{2}}\left(\lambda_1 \cos\left(\frac{\sqrt{3}}{2}x\right) + \lambda_2 \sin\left(\frac{\sqrt{3}}{2}x\right)\right) + (x-1)^2},$$

où λ_1 et λ_2 sont des réels.

4) La représentation graphique dans un repère $(O\,;\vec{i},\vec{j})$ d'un élément f de l'ensemble E est tangente en le point O à la droite de repère $(O\,;\vec{i})$ si et seulement si $f(0) = 0$ et $f'(0) = 0$.
Or, avec l'expression trouvée pour f en 3), il vient d'une part $f(0) = \lambda_1 + 1$, donc $\lambda_1 = -1$, et d'autre part, pour tout réel x,

$$f'(x) = -\frac{1}{2}\,e^{-\frac{x}{2}}\left(\lambda_1 \cos\left(\frac{\sqrt{3}}{2}x\right) + \lambda_2 \sin\left(\frac{\sqrt{3}}{2}x\right)\right) + 2(x-1)$$
$$+ e^{-\frac{x}{2}}\left(-\frac{\sqrt{3}}{2}\lambda_1 \sin\left(\frac{\sqrt{3}}{2}x\right) + \frac{\sqrt{3}}{2}\lambda_2 \cos\left(\frac{\sqrt{3}}{2}x\right)\right)$$

donc :

$$f'(0) = -\frac{1}{2}\lambda_1 - 2 + \frac{\sqrt{3}}{2}\lambda_2\,;$$

puisque $\boldsymbol{\lambda_1 = -1}$, alors $\boldsymbol{\lambda_2 = \sqrt{3}}$.
Finalement, il existe une solution sur $\mathbb{R}$ et une seule de l'équation différentielle $(\mathcal{E})$ $y'' + y' + y = 1 + x^2$ qui s'annule, ainsi que sa dérivée, en 0, c'est la fonction f telle que

$$f(x) = e^{-\frac{x}{2}}\left(-\cos\left(\frac{\sqrt{3}}{2}x\right) + \sqrt{3}\sin\left(\frac{\sqrt{3}}{2}x\right)\right) + (x-1)^2$$
$$= 2\,e^{-\frac{x}{2}}\left(-\frac{1}{2}\cos\left(\frac{\sqrt{3}}{2}x\right) + \frac{\sqrt{3}}{2}\sin\left(\frac{\sqrt{3}}{2}x\right)\right) + (x-1)^2,$$

donc :

$$f(x) = -2\,e^{-\frac{x}{2}} \cos\left(\frac{\sqrt{3}}{2}x + \frac{\pi}{3}\right) + (x-1)^2,$$

car $\qquad \frac{\sqrt{3}}{2} = \sin\frac{\pi}{3}, \quad \frac{1}{2} = \cos\frac{\pi}{3}$

et $\qquad \cos p \cos q - \sin p \sin q = \cos\,(p+q)$.

13.4 *Equation* $(\mathcal{E})\quad y'' - 2\,y' + y = \cos$.

1) Déterminons des réels α et β tels que la fonction $F_0 : t \mapsto \alpha \cos t + \beta \sin t$ soit solution sur $\mathbb{R}$ de l'équation $(\mathcal{E})$.
Pour tout réel t,

$$F_0(t) = \alpha \cos t + \beta \sin t\,,$$

alors :

$$F_0'(t) = -\,\alpha \sin t + \beta \cos t\,,$$
$$F_0''(t) = -\,\alpha \cos t - \beta \sin t\,,$$

$$F_0''(t) - 2\,F_0'(t) + F_0(t) = -\,2\,\beta \cos t + 2\,\alpha \sin t\,.$$

Donc F_0 est telle que :
pour tout réel t, $F_0''(t) - 2\,F_0'(t) + F_0(t) = \cos t$
si et seulement si : pour tout réel t, $-\,2\,\beta \cos t + 2\,\alpha \sin t = \cos t$,
c'est-à-dire $-\,2\,\beta = 1$ et $2\,\alpha = 0$, soit : $\alpha = 0$ et $\beta = -\frac{1}{2}$.
Cela donne $\boldsymbol{F_0 : t \mapsto -\frac{1}{2} \sin t}$.

2) Pour toute fonction F, posons $f = F - F_0$; f est deux fois dérivable sur $\mathbb{R}$ si et seulement si F l'est (*car F_0 est elle-même deux fois dérivable sur* $\mathbb{R}$).
Supposons f et F deux fois dérivables sur $\mathbb{R}$; alors :

$$f = F - F_0\,; \quad f' = F' - F_0'\,; \quad f'' = F'' - F_0''\,,$$

donc

$$f'' - 2\,f' + f = F'' - 2\,F' + F - (F_0'' - 2\,F_0' + F_0)$$
$$= F'' - 2\,F' + F - \cos\,, \text{ car } F_0 \in E.$$

Donc $F \in E$ (c'est-à-dire $F'' - 2\,F' + F = \cos$) si et seulement si $f'' - 2\,f' + f = 0$; soit encore si et seulement si $f \in E'$, où E' est l'ensemble des solutions sur $\mathbb{R}$ de l'équation

$$(\mathcal{E}')\quad y'' - 2\,y' + y = 0\,.$$

3) • L'équation caractéristique de l'équation sans second membre

$$(\mathcal{E}') \quad y'' - 2y' + y = 0$$

est $r^2 - 2r + 1 = 0$; elle a une racine double réelle : 1.
Donc **les éléments de E' sont les fonctions $t \mapsto (\lambda t + \mu)e^t$ avec $(\lambda\ ;\ \mu)$ couple quelconque de réels.**

• **Les éléments de E sont donc les fonctions**

$$t \mapsto (\lambda t + \mu)e^t - \frac{1}{2}\sin t$$

où $(\lambda\ ;\ \mu)$ est un couple de réels.
4) Soit F de E ; il existe donc des réels λ et μ tels que, pour tout réel t, $F(t) = (\lambda t + \mu)e^t - \frac{1}{2}\sin t$;
donc, pour tout réel t, $F'(t) = (\lambda t + \mu + \lambda)e^t - \frac{1}{2}\cos t$.
On cherche alors l'ensemble des couples $(\lambda\ ;\ \mu)$ de réels tels que :

$$F(0) = 0 \quad \text{et} \quad F'(0) = 0\,,$$

c'est-à-dire tels que

$$\mu = 0 \quad \text{et} \quad \mu + \lambda - \frac{1}{2} = 0\ ;$$

cet ensemble est constitué de l'unique couple $\left(\frac{1}{2}\ ;\ 0\right)$.

Donc une seule solution sur $\mathbb{R}$ de l'équation $(\mathcal{E})$ s'annule en 0 ainsi que sa dérivée ; **c'est la fonction F :**

$$t \mapsto \frac{1}{2}(t\,e^t - \sin t).$$

ANNEXES

FORMULAIRE DE TRIGONOMÉTRIE

- Pour tout réel x, $\cos^2 x + \sin^2 x = 1$.

Pour tout élément de $\mathbb{R} \setminus \left(\frac{\pi}{2} + \pi\mathbb{Z} \right)$, $1 + \tan^2 x = \frac{1}{\cos^2 x}$.

- Pour tout réel x,

$$\cos(-x) = \cos x,$$
$$\sin(-x) = -\sin x,$$

$$\cos(x + \pi) = -\cos x, \qquad \cos(\pi - x) = -\cos x,$$
$$\sin(x + \pi) = -\sin x, \qquad \sin(\pi - x) = \sin x,$$
$$\cos\left(x + \frac{\pi}{2}\right) = -\sin x, \qquad \cos\left(\frac{\pi}{2} - x\right) = \sin x,$$
$$\sin\left(x + \frac{\pi}{2}\right) = \cos x, \qquad \sin\left(\frac{\pi}{2} - x\right) = \cos x.$$

- *Formules d'addition*

Pour tous réels x et y,

$$\cos(x + y) = \cos x \cos y - \sin x \sin y,$$
$$\sin(x + y) = \sin x \cos y + \cos x \sin y,$$
$$\cos(x - y) = \cos x \cos y + \sin x \sin y,$$
$$\sin(x - y) = \sin x \cos y - \cos x \sin y.$$

- *Formules de duplication*

Pour tout réel x,

$$\cos 2x = \cos^2 x - \sin^2 x = 2\cos^2 x - 1 = 1 - 2\sin^2 x,$$
$$\sin 2x = 2 \sin x \cos x.$$

- *Formules de linéarisation*

Pour tout réel x,

$$\cos^2 x = \frac{1 + \cos 2x}{2} \quad \text{et} \quad \sin^2 x = \frac{1 - \cos 2x}{2}.$$

FORMULAIRE DE DÉRIVATION

Opérations

u et v sont des fonctions dérivables sur un intervalle I.

Fonctions	Dérivées sur I	
$u+v$	$u'+v'$	
λu	$\lambda u'$	
uv	$u'v+uv'$	
$\dfrac{1}{v}$	$-\dfrac{v'}{v^2}$	si de plus v ne s'annule pas sur I.
$\dfrac{u}{v}$	$\dfrac{u'v-uv'}{v^2}$	

Dérivées usuelles

I	Fonctions	Dérivées sur I
$\mathbb{R}$	$x \mapsto a \quad (a \in \mathbb{R})$	$x \mapsto 0$
$\mathbb{R}$	$x \mapsto x^n \quad (n \in \mathbb{N}^*)$	$x \mapsto nx^{n-1}$
$\mathbb{R}_-^*$ ou $\mathbb{R}_+^*$	$x \mapsto x^n \quad (n \in \mathbb{Z}_-^*)$	$x \mapsto nx^{n-1}$
$\mathbb{R}_+^*$	$x \mapsto \sqrt{x}$	$x \mapsto \dfrac{1}{2\sqrt{x}}$
$\mathbb{R}_+^*$	ln	$x \mapsto \dfrac{1}{x}$
$\mathbb{R}$	$x \mapsto e^x$	$x \mapsto e^x$
$\mathbb{R}_+^*$	$x \mapsto x^\alpha \quad (\alpha \in \mathbb{R}^*)$	$x \mapsto \alpha x^{\alpha-1}$
$\mathbb{R}$	sin	cos
$\mathbb{R}$	cos	$-$ sin
$\left]-\dfrac{\pi}{2}+k\pi\ ;\ \dfrac{\pi}{2}+k\pi\right[$ $(k \in \mathbb{Z})$	tan	$x \mapsto \dfrac{1}{\cos^2 x}$ soit $x \mapsto 1+\tan^2 x$

NOTATIONS

$\mathbb{N}$: ensemble des naturels
$\mathbb{N}^*$: ensemble des naturels non nuls
$\mathbb{N}_n$: $\{1 ; 2 ; ... ; n\}$ si $n \in \mathbb{N}^*$
$\mathbb{Z}$: ensemble des entiers (relatifs)
$a\mathbb{Z}$: ensemble des multiples du réel a
$\mathbb{Q}$: ensemble des rationnels
$\mathbb{R}$: ensemble des réels
$\mathbb{R}^*$: ensemble des réels non nuls
$\mathbb{R}_+$: ensemble des réels positifs
$\mathbb{R}_+^*$: ensemble des réels strictement positifs
$\mathbb{R}_-^*$: ensemble des réels strictement négatifs

INDEX

SOMMAIRE